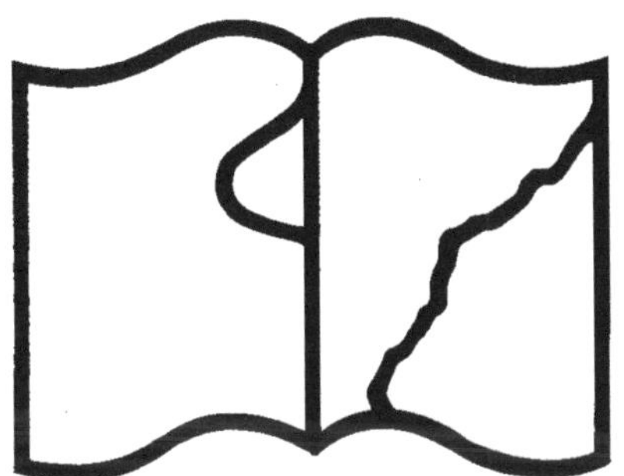

Texte détérioré — reliure défectueuse

NF Z 43-120-11

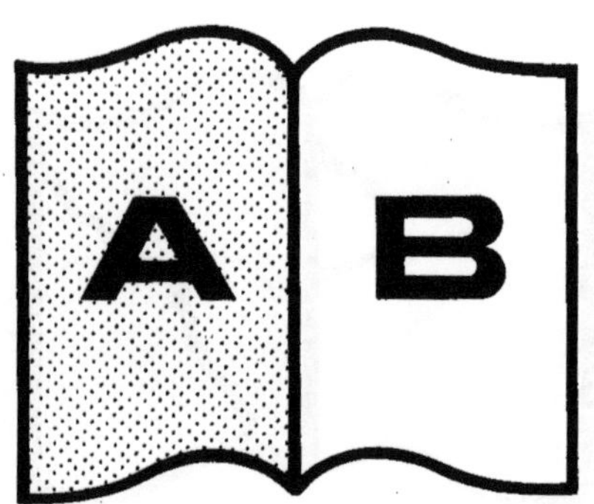
A
B

— Conserver les couvertures —

à la bibliothèque de la rue de Richelieu
hommage de l'auteur
E Chevreul

DISTRACTIONS

D'UN

MEMBRE DE L'ACADÉMIE DES SCIENCES

DE L'INSTITUT DE FRANCE,

DIRECTEUR DU MUSÉUM D'HISTOIRE NATURELLE,

LORSQUE

LE ROI DE PRUSSE GUILLAUME IER ASSIÉGEAIT PARIS,

DE 1870 A 1871.

PARIS,
GAUTHIER-VILLARS, IMPRIMEUR-LIBRAIRE
DU BUREAU DES LONGITUDES, DE L'ÉCOLE POLYTECHNIQUE,
SUCCESSEUR DE MALLET-BACHELIER,
Quai des Augustins, 55.

1871

DISTRACTIONS

D'UN

MEMBRE DE L'ACADÉMIE DES SCIENCES

DE L'INSTITUT DE FRANCE,

DIRECTEUR DU MUSÉUM D'HISTOIRE NATURELLE,

LORSQUE

LE ROI DE PRUSSE GUILLAUME Ier ASSIÉGEAIT PARIS,

DE 1870 A 1871.

PARIS,

GAUTHIER-VILLARS, IMPRIMEUR-LIBRAIRE

DU BUREAU DES LONGITUDES, DE L'ÉCOLE POLYTECHNIQUE,

SUCCESSEUR DE MALLET-BACHELIER,

Quai des Augustins, 55.

1871

PARIS. — IMPRIMERIE DE GAUTHIER-VILLARS,
Rue de Seine Saint-Germain, 10.

INSTITUT NATIONAL DE FRANCE.

ACADÉMIE DES SCIENCES.

Extrait des *Comptes rendus des séances de l'Académie des Sciences*, t. LXXI, séance du 17 octobre 1870.

De la différence et de l'analogie de la méthode à posteriori *expérimentale, dans ses applications aux sciences du concret et aux sciences morales et politiques;*

Par M. E. CHEVREUL.

« N'ayant point imaginé l'expression de *sciences morales et politiques*, je suis désintéressé à la défendre; mais, consacrée par la dénomination d'une des cinq Académies de l'Institut de France, je l'admets comme *fait*.

» Si cette expression a une signification réelle, *l'histoire*, titre de la Ve section de cette Académie, doit avoir le *caractère scientifique;* dès lors se pose la question : *En quoi consiste ce caractère?*

» Il se trouve dans un système de propositions générales admises comme *principes* à l'aide desquels le raisonnement démontre la vérité de conclusions auxquelles ont conduit la simple observation toujours, et l'expérience quand elle a été possible.

» Dans les sciences morales et politiques, ces principes formulés par des philosophes, par des législateurs, en un mot par ceux qui, doués du sens moral, exercent une heureuse influence sur la société humaine, ont été reçus par tous les membres de cette Société, doués pareillement de ce même sens, avec une profonde reconnaissance, convaincus qu'ils sont de leur nécessité pour le bonheur des hommes.

» C'est aux savants livrés à l'étude des *sciences morales et politiques* qu'il appartient d'appliquer les principes de la morale et du droit aux jugements portés sur des actes du ressort des sciences dont ils s'occupent ; mais avant d'aller plus loin, je ferai remarquer que l'*étude des faits moraux concernant l'individu*, complément de l'étude de l'anatomiste, du physiologiste, du naturaliste et du médecin, appartient réellement au domaine des sciences du concret, quoique faite par un homme qui, eu égard à ces sciences, peut n'être ni anatomiste, ni physiologiste, ni naturaliste, ni médecin, mais il étudie l'*homme-individu* sous des rapports que les autres savants ne considèrent pas en général comme essentiels à leurs études familières rentrant incontestablement dans le domaine du concret.

» S'il est vrai que le savant livré à l'étude des *sciences morales et politiques* se livre à celle des faits moraux et intellectuels que présente l'homme-individu, le *substantif propre*, le CONCRET, incontestablement son étude essentielle, porte sur les faits moraux et sociaux que présentent des ensembles d'hommes vivant en société, des *substantifs appellatifs*, parce que tel est, en effet, l'objet des *sciences morales et politiques*.

» Ai-je besoin de rappeler que par *substantif propre* on entend un être physique palpable ou concret comme un minéral, une plante, un animal, et encore un être métaphysique impalpable, tel que l'âme, Dieu, etc. ;

» Et que le *substantif appellatif* comprend des ensembles de substantifs propres comme l'expriment les mots *races*, *espèces*, *genres*, *familles*, *ordres*, *classes*, *embranchements*, *règne*, d'usage en histoire naturelle.

» Pourquoi l'étude des faits moraux et intellectuels occupe-t-elle généralement le savant qui appartient au domaine des *sciences morales et politiques*, plutôt que le savant qui appartient au domaine des *sciences du concret?*

» La cause première en est la faiblesse de l'esprit humain, et de cette faiblesse même découle la nécessité de la division du travail intellectuel lorsqu'il s'agit de connaître le monde où nous vivons.

» On conçoit dès lors que le savant livré à l'étude des sciences morales et politiques est bien mieux préparé à l'étude des faits moraux et intellectuels de l'individu, que le savant livré à l'étude des sciences et si nombreuses et si diverses du concret, telles que la chimie-physique, l'anatomie, la physiologie, la zoologie et la médecine. La disposition des esprits à s'occuper exclusivement, les uns des *sciences du concret*, et les autres des *sciences morales et politiques*, a la plus fâcheuse influence sur la connaissance du vrai, ou, en d'autres termes, sur la philosophie, et c'est fort de cette opinion que je n'ai jamais perdu l'occasion de montrer les liens d'union des sciences de ces deux catégories.

» En définitive, on peut dire avec vérité que, dans les sciences morales et politiques, les savants vont du *général* au *particulier*, du *substantif appellatif* au *substantif propre*, tandis que, dans les sciences du concret, les savants ont suivi l'ordre inverse, du *particulier* ils vont au *général*, du *substantif propre* au *substantif appellatif*.

» Les choses amenées à cet état, rendons-nous compte de la différence de l'application de la *méthode* A POSTERIORI *expérimentale*, d'abord à la *science du concret*, puis aux *sciences morales et politiques*, et montrons en même temps que cette différence n'est point extrême.

§ I. — *Application de la méthode aux sciences du concret.*

» Les mathématiques pures s'occupent d'une seule propriété de la matière, la *grandeur*, science admirable parce que la démonstration de ses propositions repose sur les raisonnements les plus rigoureux; et les autres sciences du domaine de la philosophie naturelle partent de l'observation des phénomènes que présentent des êtres concrets afin d'en déterminer la cause immédiate : telles sont actuellement la chimie et la physique, par exemple.

» C'est surtout en suivant la marche de l'esprit dans les recherches du ressort de la chimie, science essentiellement expérimentale que je suis arrivé à formuler, il y a plus de trente ans, la *méthode* A POSTERIORI *expérimentale*.

» La chimie, aussi bien que la physique, observe des phénomènes que des êtres concrets présentent; elle en cherche la cause immédiate, et c'est la conclusion, à laquelle l'induction l'a conduite, que *la méthode* A POSTERIORI *expérimentale* a pour but de contrôler, en *instituant des expériences propres à en démontrer l'exactitude*.

» A mon sens, cette méthode doit s'appliquer à toutes les sciences du ressort du concret autres que la chimie et la physique. Dès à présent, la géologie et la physiologie y ont recours, et les avantages en sont connus de tous; sans doute elle s'appliquera tôt ou tard à la botanique et à la zoologie, qu'il y a un demi-siècle on qualifiait de *sciences* purement *descriptives*.

» Quant aux sciences agricoles et médicales, qui ne sont en réalité que des applications des sciences naturelles pures, personne aujourd'hui ne doute qu'elles se prêtent essentiellement au contrôle de la *méthode* A POSTE-

RIORI *expérimentale*, contrôle auquel elles doivent incontestablement leurs progrès récents.

» En définitive, j'ai la conviction que toute recherche scientifique qui aboutit *complétement* au concret se prête par là même au contrôle expérimental. Dans le cas où elle y échapperait, l'esprit pourrait recourir à un système de raisonnements rigoureux et comparables aux raisonnements d'usage en mathématiques.

§ II. — *Application de la méthode aux sciences morales et politiques.*

» Les *sciences morales et politiques* diffèrent essentiellement des sciences du concret en ce qu'il leur est impossible de vérifier, par l'*expérience proprement dite*, une opinion relative à des *actes*, à des *faits sociaux* concernant un ensemble d'individus, comme il est possible au savant livré à l'*étude du concret* de contrôler des inductions, des théories par des expériences précises.

» La raison en est simple. Un *fait social* étant la résultante d'actes d'individus qui ne sont plus, ou, s'ils vivent encore, la circonstance où le fait s'est produit différant des circonstances présentes à cause des changements incessants de toute société, l'impossibilité de reproduire à volonté les circonstances du passé rend impossible le contrôle expérimental dans le présent, en supposant même qu'il eût été possible antérieurement.

» Il y a donc là, dans l'application de la méthode, une différence réelle et incontestable.

» Dans ces conditions, de quelle utilité est la méthode *à posteriori* expérimentale à l'égard des *sciences morales et politiques?* pourra-t-on se demander.

» La voici :

» C'est d'abord de persuader à tout esprit curieux de remonter à la cause immédiate d'un *phénomène*, d'un *effet*, d'un *fait accompli*, qu'il y a nécessité de rechercher si ce fait est complexe, et, dans le cas de l'affirmative, de s'efforcer à le réduire aux faits simples dont il est la résultante. A cet égard, analogie parfaite entre cette étude et la manière dont l'esprit du chimiste procède dans l'application de l'analyse à la matière complexe. Une fois qu'on se croit arrivé à la réduction du fait en ses faits simples, on recourt à la synthèse, afin de voir si tous les faits simples concourent réellement à la manifestation du *phénomène*, de l'*effet*, du *fait complexe*, et s'ils suffisent à en expliquer toutes les circonstances; et c'est cette analyse du *fait complexe* du domaine des sciences morales et politiques qui permet, surtout dans les *faits simples* en lesquels l'esprit l'a réduit, d'appliquer la méthode du contrôle en se livrant à l'étude comparative de faits simples analogues.

» En définitive, la marche à suivre dans les recherches du ressort des *sciences morales et politiques* étant celle que prescrit la méthode dans les recherches du ressort des *sciences du concret*, quand il s'agit des cas où l'expérience n'est pas possible, nous sommes ainsi conduits à imprimer le *caractère scientifique* résidant essentiellement, comme je l'ai dit, dans la *démonstration* qui s'adresse à la raison, parce que les raisonnements sont déduits d'axiomes ou de principes admis avant tout comme vrais. Par là, j'éloigne les *paradoxes* aussi séduisants que dangereux quand ils émanent d'un écrivain tel que Jean-Jacques Rousseau.

» Il y a évidemment tout avantage à la fois pour un auteur ami de la vérité, et pour un lecteur désireux de s'instruire, qu'avant tout, des principes soient posés et admis comme vrais, et qu'ensuite les raisonnements appuyés sur ces principes soient exposés.

» Si les principes ne sont pas admis du lecteur, il lui est inutile de lire des raisonnements qui s'appuient sur ces principes.

» Au contraire, les principes admis, et les raisonnements donnés par l'auteur à l'appui des opinions qu'il désire faire prévaloir dans le public en étant rigoureusement déduits, le but de l'écrivain sera atteint.

» Que l'on examine les connaissances comprises dans les diverses sections de l'Académie des *sciences morales et politiques* de l'Institut, et l'on pensera sans doute que la section de l'*histoire* générale et particulière est celle qui semble s'éloigner le plus des sciences. Quand les autres sections, comme celle de *morale* et de *législation*, sembleraient aussi s'en éloigner, n'oublions pas que le *dogmatisme* qu'elle possèdent à un haut degré leur donne un *caractère* de certitude, de positif qui, en y réfléchissant, les rapproche de la science plutôt qu'il ne les en sépare. Quant à l'*économie politique* et à la *statistique*, par la nature variée des faits qu'elles coordonnent, elles n'ont évidemment qu'à gagner à se rapprocher des sciences du concret, afin d'établir par le raisonnement les conclusions qu'elles formulent. La *statistique*, particulièrement, ne peut persuader ni convaincre ceux qui la consultent qu'en justifiant préalablement l'exactitude des chiffres sur lesquels elle a travaillé, en disant comment elle les a recueillis, les raisons de croire à leur exactitude, en insistant sur le contrôle d'une série de chiffres par des chiffres d'autres séries; incontestablement, les *contrôles de chiffres* sont tout à fait dans l'esprit de la *méthode* A POSTERIORI *expérimentale*, comme l'est si évidemment le contrôle des quatre premières règles de l'arithmétique qu'on en appelle les *preuves*.

» Je reviens à l'*histoire*, et je me trompe fort si je ne fais pas partager mes convictions sur le *caractère scientifique* qu'elle possède à un haut degré, si l'on veut bien suivre mes raisonnements.

» Qu'est-ce que l'*histoire* comme *science*?

» A mon point de vue, elle est essentiellement l'exposé fidèle des faits sociaux que présentent, dans l'ordre des temps, les sociétés humaines.

» 1° Il appartient à la critique historique d'établir l'exactitude, la vérité des faits que l'historien met en œuvre, en ayant toujours égard à la chronologie, sans laquelle il n'y a pas d'histoire.

» 2° A la science de l'historien, à sa perspicacité, à son génie, il appartient pour une époque donnée de dire quels sont les faits simples dont se compose chaque fait complexe sur lequel il arrête son attention et quelle part revient aux personnages historiques de cette époque.

» Au moraliste, à l'homme de loi, au philosophe, il appartient de juger les institutions sociales ainsi que les actions des personnages historiques qui ont participé à des faits sociaux.

» C'est dans cette appréciation, et des institutions sociales, et des hommes dont l'histoire a conservé les noms, faite avec savoir et impartialité, reposant sur des raisonnements rigoureux, exposée avec clarté et élégance, que réside le mérite de l'historien. Il sera compté parmi les hommes de génie s'il découvre de ces *faits considérables* qui n'avaient point été aperçus de ses prédécesseurs, et ces faits considérables peuvent être des *relations*, des *rapports* que des faits déjà connus ont entre eux, mais qui étaient restés inaperçus jusqu'au moment où l'homme de génie tira le voile qui les avait cachés.

» Qu'est-ce que l'*histoire* envisagée de ce point de vue?

» C'est une véritable histoire naturelle de l'homme en société;

» C'est l'histoire de la civilisation.

» A quelles conditions une œuvre historique a-t-elle le caractère scientifique?

» C'est que l'historien aura préalablement énoncé ses *principes d'appréciation* en termes précis quant aux mots, et de la manière la plus sensée et la plus irréprochable quant à la raison, à la morale et à la justice;

» C'est ensuite que les faits sociaux, qu'il a appréciés d'après ces *principes*, soient nettement définis et aient satisfait à toutes les exigences d'une critique sévère autant qu'éclairée;

» C'est que l'appréciation de ces faits, au point de vue de leur liaison avec les faits antérieurs et avec les faits ultérieurs, soit aussi satisfaisante que possible;

» Qu'il en soit de même de l'appréciation des faits, au point de vue du droit et de la morale;

» Enfin, que l'*appréciation*, qui ici correspond à la *théorie* dans les sciences du concret, soit l'application rigoureuse des axiomes et des principes posés en premier lieu.

» Quelle est la conséquence rigoureuse, incontestable de la qualification de *science* donnée à l'*histoire?*

» C'est qu'une œuvre historique, qui méritera la qualification de *scientifique*, correspondra à l'œuvre scientifique des sciences du concret.

» Dès lors, pour que l'historien ait atteint son *but*, il aura été *logicien avant tout*, qualité compatible avec la beauté de la forme littéraire qui fait le grand écrivain, qualité compatible avec le génie qui met en relief des rapports aussi approfondis que réels qui avaient échappé jusque là à l'histoire, qualité compatible enfin avec la morale et la justice qui jugent les actes des individus et des peuples indépendamment de toute considération en dehors de la vérité!

» Cette explication me sauvera, je l'espère, de deux reproches contraires :

» Le *premier*, qu'on m'attribuât l'idée d'abaisser l'historien, quand je le louerai de ses jugements, parce que, d'acord avec la raison, ils sont étrangers à sa religion, à ses opinions politiques, à son affection personnelle, à sa patrie;

» Le *second*, de vouloir abaisser la gloire de ceux qui ont attaché leurs noms à des œuvres dignes des suffrages des juges les plus compétents; mais il me sera permis de faire remarquer qu'il existe un grand nombre d'histoires auxquelles la qualification de *scientifique* n'est pas applicable, parce que évidemment les auteurs ont présenté l'histoire dans un intérêt particulier, soit pour rehausser la gloire d'un individu ou d'un peuple et abaisser celle des autres, soit dans l'intérêt d'une opinion religieuse, soit dans l'intérêt d'une forme de gouvernement au détriment d'une autre.

» En définitive les œuvres dont je parle peuvent avoir un mérite supérieur, mais la participation du talent de l'avocat me fait dire que le *caractère scientifique* ne s'y montre pas d'une manière absolue.

» Après ces considérations générales sur les différences et les analogies de la *méthode* A POSTERIORI *expérimentale*, dans ses applications aux *sciences du concret* d'une part, et d'une autre part aux *sciences morales et politiques*, me sera-t-il permis de dire à l'Académie le motif qui m'a conduit à traiter d'une manière détaillée le sujet dont je viens de parler en raccourci?

» Plusieurs de mes amis, après la lecture du livre de la *méthode* A POSTERIORI *expérimentale* et de la *généralité de ses applications* que j'eus l'honneur de présenter l'an dernier à l'Académie, m'ont fait l'observation que la différence de l'application de la méthode aux deux catégories de sciences dont je viens de parler était si grande, qu'indubitablement je m'attirerais des critiques fondées, si moi-même je ne les prévenais pas en signalant cette différence.

» Telle est l'origine de l'ouvrage dont sont extraites les considérations générales que je viens d'exposer.

» Achevé le 31 août dernier, anniversaire de ma quatre-vingt-quatrième année, la première page recevait ce jour-là même une dédicace à la mémoire de Mirabeau.

» Dans les circonstances actuelles, ignorant le sort de l'unique manuscrit que je possède, je me suis décidé à la Communication d'un résumé concis qui complète un ensemble d'idées dont la publication principale remonte à mes *Lettres à M. Villemain* (1) où se trouve la définition du mot *fait* relativement aux sciences, aux lettres et aux beaux-arts; c'est effectivement à cette définition que se rattache la suite de mes écrits : *l'histoire des connaissances chimiques, la distribution des connaissances humaines du ressort de la philosophie naturelle,* enfin *le livre de la méthode* A POSTERIORI *expérimentale* et *le livre inédit dont je viens d'entretenir l'Académie, qui en est le complément.*

» Il me reste à dire qu'une partie du livre inédit est l'application de la *méthode* A POSTERIORI *expérimentale* à l'histoire de la révolution française depuis 1789 jusqu'à ces derniers temps, ayant voulu donner une preuve de fait de la possibilité de l'application de mes idées aux sciences morales et politiques.

» Qu'on ne m'attribue pas la prétention d'avoir voulu écrire une œuvre historique : ma tâche s'est bornée à choisir un *ensemble de faits*, que je crois précis et vrais, pour les interpréter par la *pure logique*, conformément

---

(1) Lettres adressées à M. Villemain sur la méthode en général et sur la définition du mot *fait*, par M. E. Chevreul. Paris, Garnier frères; 1856.

à la méthode à laquelle toutes mes recherches scientifiques ont été subordonnées; aussi dis-je explicitement :

« En m'adressant au public, il est donc entendu que je ne lui parle ni
» comme catholique ou protestant, ni comme monarchiste ou républicain,
» ni même comme Français; je le répète, je ne lui parle que comme *logicien*
» qui envisage les faits sociaux conformément à cette méthode ».

Péroraison.

» En terminant ma lecture par ces lignes empruntées à une œuvre qui n'est pas encore imprimée, c'est dire qu'elles furent écrites avant les événements qui frappent si cruellement la France.

» Le souvenir du calme profond où j'étais alors, la pensée du bien que l'humanité avait déjà retiré de la culture de l'esprit me peignaient l'avenir sous les couleurs les plus riantes, et tout ce qui resserre les liens des trois branches du génie de l'homme, les Sciences, les Lettres et les Beaux-Arts, me semblait devoir de plus en plus rapprocher les peuples et les unir par les sentiments si doux de la fraternité. Quelques mois se sont écoulés : et quel changement !

» Ici même, dans le palais de l'Institut, cette grande association des connaissances humaines, que voyons-nous ? les fenêtres de la bibliothèque garnies des acs de terre ! Les objets uniques ont disparu, la prévoyance les a mis dans des souterrains à l'abri de la bombe; malheureusement tous les livres peuvent disparaître comme les manuscrits de Strasbourg ! Même crainte pour des chefs-d'œuvres uniques de l'art, pour des collections des produits de la nature; mêmes précautions pour les conserver, prises aux musées des Beaux-Arts et d'Histoire-naturelle !

» Et nous sommes au XIXe siècle; et il y a quelques mois que le peuple français ne se doutait pas d'une guerre qui a mis sa *capitale* en état de siège, qui a tracé autour de ses remparts une zone déserte où celui qui a semé n'a pas récolté ! Et il y a des universités publiques où l'on enseigne le *beau*, le *vrai* et le *droit* !!!

» Dans ces jours de désastres où la réalité a dépassé l'imagination, espérons pour ceux qui nous remplaceront sur cette noble terre de France que, du sein des peuples civilisés qui ont l'œil sur Paris, théâtre d'une grande tragédie, le *calme* avec lequel ils auront suivi toutes les péripéties du drame jusqu'au dénouement, témoignera de l'impartialité qu'ils porteront dans le jugement de ces événements au point de vue du droit et de la morale !

» Après avoir pesé toutes les conséquences des faits accomplis, peut-être adresseront-ils un appel aux hommes de tous les pays qui joignent à la chaleur du cœur l'énergie d'une conscience éclairée, afin d'aviser au moyen de mettre désormais un terme à des faits déplorables qui n'ont rien d'analogue dans l'histoire des peuples civilisés. Qui sait si la protestation de l'Institut de France, adressée à toutes les Académies du monde lettré, ne donnera pas quelque jour accès dans un congrès international à ceux qui ne sont connus que par des œuvres intellectuelles?

» Qui oserait taxer aujourd'hui d'utopie l'espérance de voir naître un grand bien d'un grand mal? L'institution internationale en faveur des blessés, passée si vite du projet à la réalité, à jamais titre d'honneur pour la ville de Genève, ne confirme-t-elle pas l'espérance du triomphe du droit sur la force, et dès à présent ne dit-elle pas à tous : *La grandeur morale d'un peuple ne se mesure pas à l'étendue superficielle qu'il occupe sur la terre!* »

GAUTHIER-VILLARS, IMPRIMEUR-LIBRAIRE DES COMPTES RENDUS DES SÉANCES DE L'ACADÉMIE DES SCIENCES.
Paris. — Rue de Seine-Saint-Germain, 10, près l'Institut.

INSTITUT NATIONAL DE FRANCE.

ACADÉMIE DES SCIENCES.

Extrait des *Comptes rendus des séances de l'Académie des Sciences*, t. LXXI, séances des 14 et 21 novembre 1870.

Exposé des raisons pour lesquelles l'aliment de l'homme et des animaux supérieurs doit être d'une nature chimique complexe;

Par M. E. CHEVREUL.

INTRODUCTION.

« Dans la séance de l'Académie du 7 de novembre, j'ai présenté une Note intitulée : *De quelques sujets relatifs aux subsistances servant de complément à des Communications antérieures.* Elle était précédée de l'avant-propos suivant dont j'ai donné lecture à l'Académie :

» Un étranger, qui n'est point un Prussien, je m'empresse de le dire, » me faisait remarquer que dans les derniers *Comptes rendus* des séances » de l'Académie, on lit plus d'une recette que la *Cuisinière bourgeoise* est » en droit de réclamer : remarque, je l'avoue, qui n'est pas dénuée de » vérité; et il ajoutait que quelques-unes sentent un peu le *réchauffé;* allé» gation qu'on ne peut dire absolument fausse. Mais dans la circonstance » actuelle, je reconnais le premier la légitimité d'un appel aux *circonstances* » *atténuantes*, si toutefois faute il y a. Je les invoquerais en ma faveur » près des personnes qui jugeraient les Communications suivantes pas» sibles de la critique que je viens de citer. »

» Cette Note se compose de trois paragraphes portant les titres suivants :

» § I. Quelques expériences sur deux préparations faites en Amérique, dites *farines de viandes.*

» § II. Raison sur laquelle j'ai fondé la nécessité des aliments complexes pour la nourriture de l'homme et des animaux supérieurs.

» § III. Inconvénient de détourner l'acception de différents mots définis par la science.

» A ma grande contrariété, le manuscrit présenté à la dernière séance a été perdu mercredi matin par la personne à laquelle je l'avais confié pour le remettre à l'imprimerie. Je me suis ainsi trouvé dans la nécessité de l'écrire de nouveau.

» Mes réflexions sur l'histoire de l'invention des frères Montgolfier ont pu être rédigées pour paraître dans le *Compte rendu* de la séance où elles ont été faites; mais le temps m'a manqué pour la *Note relative aux subsistances.* C'est alors qu'en me remettant à l'œuvre j'ai vu clairement que le second paragraphe de la Note, loin d'être un accessoire aux deux autres paragraphes, était la partie essentielle de ma Communication. A ce nouveau point de vue j'ai donné au second paragraphe l'ampleur sous laquelle je le présente dans le Mémoire actuel, et les paragraphes I et III de la Note prendront les titres de premier et deuxième Document.

EXPOSÉ DES RAISONS POUR LESQUELLES L'ALIMENT DE L'HOMME ET DES ANIMAUX SUPÉRIEURS DOIT ÊTRE D'UNE NATURE CHIMIQUE COMPLEXE.

» J'ai souvent entendu parler de la nécessité que les aliments de l'homme et des animaux supérieurs fussent d'une nature chimique plus ou moins complexe; mais je ne sache pas qu'on en ait donné les raisons avant l'écrit que je lus à l'Académie le 7 d'août 1837 (1). Plusieurs fois, dans ces derniers temps, j'ai eu l'occasion de le citer, et cependant il me semble utile de rappeler ces raisons en les coordonnant et y ajoutant des développements que je leur ai donnés depuis 1837 et des considérations nouvelles.

» *Premier fait.* — Un fait fondamental de l'acte chimique qui se passe dans un corps vivant, relatif à l'assimilation de la matière qu'il prend au

(1) *Considérations générales et inductions relatives à la matière des êtres vivants.* — *Mémoire de l'Académie*, t. XIX. — *Journal des Savants*, novembre 1837.

monde extérieur pour vivre et se développer, c'est la faiblesse des forces physiques et chimiques, ou, en d'autres termes, des causes auxquelles nous rapportons immédiatement les modifications que la matière du dehors éprouve à l'intérieur des corps vivants.

» Si, de tout temps, j'ai cherché à montrer l'intervention de ces forces dans les phénomènes de la vie sans prétendre en exclure toute autre, j'ai admis, explicitement ou implicitement, que l'intensité de leur action est faible, sinon dans tous les cas, du moins dans le plus grand nombre. Car donnez aux forces physiques, chaleur et électricité, quelque énergie, et les composés organiques seront décomposés s'ils existent, ou, s'ils n'existent pas, ils ne pourront se produire dans cette circonstance; car personne n'ignore que la vie ne persiste pas au delà d'un certain degré de température, et qu'une électricité forte foudroie tous les êtres vivants.

» Supposez donc des *affinités énergiques*, et tout l'édifice organique va se réduire en composés binaires les plus stables, tels que l'oxyde de carbone, l'acide carbonique, l'eau, et en corps simples si l'oxygène manque.

» Une explication est ici nécessaire pour qu'on sache bien le sens que j'attache aux expressions d'*affinités énergiques* et d'*affinités peu énergiques*.

» Je n'entends pas que dans l'acte de la respiration de l'homme et des animaux supérieurs, lorsqu'il se forme de l'*acide carbonique* et de l'*eau*, comme tout le monde l'admet, il n'y ait point une *affinité énergique* qui préside à l'union de l'oxygène avec le carbone et l'hydrogène, mais je comprends que dans une unité de temps il n'y a qu'une très-petite quantité pondérable de comburant et de combustible à prendre part à l'action chimique, quantité déterminée par le besoin qu'a l'être vivant de cette chaleur développée. Or, la combustion du carbone et de l'hydrogène se passant dans des organes dont la masse est considérable relativement à celle de la matière combustible brûlée, la première ne souffre pas de la chaleur dégagée par la combustion.

» En outre, ces organes se composant de tissus humides et de liquides, et une partie de la matière qui les constitue éprouvant des changements physiques et chimiques qui ne donnent lieu à aucun phénomène annonçant une action énergique des corps qui y prennent part, je dis que ces *changements produits dans une masse considérable relativement à la masse brûlée, le sont par des affinités faibles*.

» Ma pensée ainsi expliquée d'une manière que je crois simple et précise, je vais citer quelques *causes* dont l'intervention dans les phénomènes chimiques de la vie, généralement admise, appartiennent à la catégorie des forces dont l'action est peu énergique, à en juger par les phénomènes passagers qui peuvent apparaître comme chaleur, lumière et électricité.

» On attribue à ces *causes*, soit des phénomènes dits *de fermentation*, soit des phénomènes résultant de la présence de certains corps qui semblent, après l'action qu'on leur attribue, ce qu'ils étaient auparavant.

» Je citerai comme exemples du premier la diastase, la pepsine, la céréaline, et comme exemple du second la fibrine dégageant l'oxygène de l'eau oxygénée, à l'instar du peroxyde de manganèse.

» Je citerai encore un fait remarquable (1), c'est la coagulation de l'albumine de l'œuf par l'éther saturé d'eau, et par l'huile volatile de térébenthine. S'il n'y a pas d'union entre l'éther, l'huile volatile et l'albumine, ces liquides coaguleraient lentement cette substance à l'instar de la chaleur, sans s'unir à l'eau.

» En définitive, il est des actions capables de produire des changements plus ou moins grands dans les propriétés des principes immédiats des êtres vivants sans manifester pour cela des phénomènes correspondant à ceux des *affinités énergiques*, qu'actuellement nous ne pouvons rattacher ni à l'affinité, ni aux forces physiques connues, telles que la chaleur, la lumière, l'électricité; et la cause de ces actions, dont l'intervention dans les phénomènes de la vie ne paraît pas douteuse, semble résider dans des espèces chimiques ou dans des tissus organisés qui les manifestent même après avoir été séparés de l'être vivant.

Différence des principes immédiats organiques d'avec la matière minérale.

» Les plantes et les animaux diffèrent du monde minéral qui nous environne en ce que la plupart des espèces de principes immédiats organiques renferment un plus grand nombre d'atomes que les composés de la nature inorganique, et que si les premières espèces ne renferment pas toutes chacune comme éléments un plus grand nombre d'espèces de corps simples que les composés de la nature inorganique qui nous environne, elles diffèrent de ceux-ci en ce que les atomes décidément combustibles, comme le carbone et l'hydrogène, dominent tout à fait par le nombre sur ceux de l'oxygène essentiellement comburant. Or, parce que les affinités les plus énergiques sont celles du comburant et du combustible et qu'elles

---

(1) Mémoire lu le 9 de juillet 1821 à l'Académie : *De l'influence que l'eau exerce sur plusieurs substances azotées solides.*

tendent à constituer des composés binaires, tels que l'oxyde de carbone, l'acide carbonique, l'eau, etc., on voit une cause d'instabilité dans la matière des êtres vivants qu'on ne trouve pas dans les composés minéraux qui nous entourent, comme l'eau, l'acide carbonique, les terres, les pierres, parce que ceux-ci résultent de l'union de corps simples qui ont satisfait à leur puissante affinité pour l'oxygène.

» Cet état de choses permet d'apprécier la valeur de la raison alléguée par les partisans de la génération spontanée à ceux qui leur demandent pourquoi il ne se produit plus aujourd'hui comme autrefois spontanément des mammifères, des oiseaux, des reptiles, etc., etc., puisque les partisans des générations spontanées admettent en principe que tout être vivant a été produit par ce qu'ils appellent la NATURE! La raison qu'ils en donnent est que cette nature a perdu une puissance, une énergie dont elle jouissait autrefois. Mais évidemment, d'après ce qui précède, cette puissance, cette énergie ne pouvait appartenir aux forces que nous nommons physiques et chimiques, d'où découle la conséquence qu'en ne s'expliquant pas sur la nature de cette puissance on répond en recourant implicitement à une cause vraiment occulte.

» *Deuxième fait.* — Les *plantes* s'assimilent la matière de plusieurs composés binaires de la nature inorganique, tels que l'eau, l'acide carbonique, l'ammoniaque, des composés d'azote oxygéné, des chlorures, des iodures de potassium et de sodium, des corps simples, l'oxygène, et l'azote suivant quelques personnes, des composés salins, tels que phosphates, sulfates, azotates, etc., etc.

» Elles produisent des *principes immédiats organiques* dont un certain nombre sont considérés comme identiques à des principes immédiats des animaux, et les autres leur sont plus ou moins analogues et toujours différents des composés inorganiques.

» L'*homme*, les *animaux supérieurs*, la *plupart des animaux inférieurs*, sinon tous, ne peuvent vivre qu'aux dépens des végétaux, immédiatement s'ils sont herbivores, et médiatement conséquemment s'ils sont carnivores.

» *Conséquences de ces faits.* — On tire la conséquence du premier et du deuxième fait précédents.

» Les plantes sont des intermédiaires pour mettre la matière du monde minéral à la disposition des animaux, après qu'elles ont fait subir à cette matière l'élaboration nécessaire à ce que les animaux puissent se l'assimiler.

» Je vais développer cette relation de l'aliment préparé par les plantes pour les animaux, afin de faire bien comprendre la nécessité de la complexité de composition chimique de l'aliment propre à la nourriture de l'homme et à celle des animaux supérieurs.

» Pour bien apprécier le rapport existant entre la composition chimique de l'aliment et celle de l'être qui s'en nourrit, il faut, comme je l'ai fait dès 1837, distinguer deux cas :

» 1° Celui où l'être vivant tire sa nourriture d'une matière contenue dans une graine ou dans un œuf, suivant que cet être est une plante ou un animal;

» 2° Le cas où l'être vivant croît principalement aux dépens des corps extérieurs, comme le fait une plante pourvue d'organes verts et un animal à l'état adulte.

» Premier cas. — Grande est l'analogie de la germination de la graine avec le développement du germe de l'œuf, sauf cette différence que la graine absorbe de l'eau au monde extérieur, tandis que l'œuf de l'oiseau en perd, terme moyen, un cinquième.

» Mais tous les deux ont besoin d'une certaine élévation de température avec le contact de l'air.

» Il y a encore cette analogie, que la graine et l'œuf contiennent les principaux types de composition chimique de la jeune plante et du jeune animal.

» Dans la graine on trouve des principes ternaires dont les uns sont de nature grasse, comme l'oléine, la margarine; les autres sont solubles dans l'eau ou susceptibles de le devenir, comme des sucres, la dextrine, l'amidon, des principes quaternaires azotés, comme le gluten, l'albumine végétale, des chlorures de potassium et de sodium, des sels inorganiques essentiels à la vie végétale.

» L'œuf des oiseaux renferme des principes organiques ternaires et quaternaires.

» Parmi les premiers on distingue des principes gras neutres, tels que la cholestérine, la margarine, l'oléine; des principes gras jouissant de l'acidité, tels que l'acide margarique, l'acide oléique; un principe sucré soluble dans l'eau.

» Parmi les principes organiques quaternaires azotés on compte l'albumine, la vitelline.

» Il y existe des principes colorants, une matière huileuse phosphorée.

» Enfin des composés de la nature inorganique, comme des chlorures de potassium, de sodium, des phosphates de chaux, de magnésie, etc., etc.

» Une considération du ressort du premier cas montre dans le lait que suce le jeune mammifère incapable encore de s'assimiler l'aliment de l'adulte, les types de compositions chimiques les plus variées et en parfaite harmonie avec les exigences des organes du jeune mammifère.

» Après avoir parlé des différences que présentent dans le second cas la plante adulte, si cette expression m'est permise, avec l'animal adulte quant à l'assimilation de la matière du monde extérieur, je reviendrai sur l'analogie que présentent la graine et l'œuf dans le premier cas.

» SECOND CAS. — La différence est grande entre la plante pourvue de feuilles et l'animal sevré de sa mère, relativement à l'assimilation de la matière du monde extérieur, puisque c'est alors que se montre la plante avec le caractère qui la distingue le plus essentiellement de l'animal. Elle s'assimile des composés binaires du monde inorganique; elle vit et se développe, tandis que si l'animal, du moins le supérieur, était réduit à ces seuls composés binaires, il périrait.

» La plante pourvue d'organes verdoyants, dicotyledonée ou monocotylédonée, d'une organisation moins complexe que celle des animaux, des animaux du moins qui ne sont pas à la limite inférieure de l'échelle, ne peut accomplir sa fonction principale, vraiment caractéristique, à savoir l'assimilation de la matière minérale en principes immédiats organiques sans les influences d'une certaine températnre et de la lumière du soleil.

» C'est alors que l'acide carbonique se décompose; son oxygène devient gazeux en partie selon Th. de Saussure, en totalité selon Boussingault, tandis que son carbone, en s'unissant aux éléments de l'eau, et probablement aussi aux éléments de l'ammoniaque, de composés d'azote oxygéné, constitue des principes immédiats organiques dans lesquels le principe combustible, carbone et hydrogène, prédomine sur le principe comburant, l'oxygène. Tout est conjecture dans la formation de ces principes, mais le *fait fondamental* est incontestable, la *désoxygénation de l'acide carbonique*, partielle ou complète, et l'*union du carbone constituant des principes immédiats organiques avec excès de matière combustible*.

» Il a fallu pour formuler ainsi ce *fait fondamental* plus de trente ans de travaux, auxquels sont attachés les noms de Bonnet et surtout de Priestley, de Ingen-Houtz, de Sennebier et de Th. de Saussure, et ajouter à ces noms celui de Boussingault, qui en 1864-1868 a dit que ses expériences démontrent que le gaz acide carbonique perd la totalité de son oxygène, contrairement à l'opinion de Th. de Saussure.

» Combien l'homme et la plupart des animaux, sinon tous, diffèrent des plantes, incapables qu'ils sont de s'assimiler la matière minérale sous la double influence d'une certaine température et du soleil! S'ils jouissent de la locomotion, s'ils ont besoin pour vivre d'une certaine température, si la lumière du soleil leur est agréable et utile, dépendants des végétaux, ils ne peuvent se passer de la *matière minérale, rendue organique* par ces mêmes végétaux qui ont séparé l'oxygène du carbone sous l'influence du soleil.

» Ces faits posés, sans hypothèse aucune, voyons comment ils concourent à démontrer la nécessité que les aliments indispensables à la nourriture de l'homme et des animaux supérieurs aient une composition chimique plus ou moins complexe, c'est-à-dire qu'ils soient formés de principes immédiats organiques d'origine végétale et qu'ils renferment en même temps certains composés minéraux indispensables à l'homme et aux animaux.

» 1° Les principes organiques dits immédiats, parce qu'ils constituent immédiatement les êtres vivants, plantes et animaux, sont en réalité moins stables que les composés du monde minéral qui nous entourent, que nous touchons, et auxquels nous comparons les premiers.

» Pourquoi ce *fait*? C'est que les minéraux qui nous entourent, que nous touchons, ont satisfait à l'affinité la plus puissante qui sollicitait l'union de leur partie combustible avec l'oxygène; dès lors l'atmosphère ne peut rien sur eux : voilà pourquoi l'eau, les pierres et les terres sont stables.

» Les principes immédiats organiques, qui contiennent généralement du carbone et de l'hydrogène en excès sur la quantité d'oxygène qui tend à faire deux composés stables en formant de l'acide carbonique avec le carbone, et de l'eau avec l'hydrogène, voilà une cause d'instabilité; et une seconde cause est le nombre d'atomes, bien plus grand dans le principe organique que dans le composé minéral.

» 2° La matière minérale, qui passe dans les plantes pour constituer des principes immédiats organiques moins stables qu'elle, a besoin d'une force extérieure, la lumière, émanée du soleil, de l'action de laquelle nous ne pouvons rien dire de scientifique; mais le résultat matériel est incontestable : le carbone est séparé de l'oxygène, et la conséquence en est la formation de principes immédiats avec excès de combustible.

» Comment concevoir les actions qui s'opèrent dans la plante une fois l'oxygène de l'acide carbonique séparé? La transformation de l'amidon en dextrine, en sucre, la conversion du sucre en d'autres produits si remarquables dans la végétation de la seconde année de la racine de betterave lorsqu'elle produit tige, fleur et graines? Évidemment ces changements se produisent en vertu d'affinités faibles, car si elles étaient fortes, elles détruiraient les principes immédiats organiques ou les empêcheraient de se produire. En outre, elles se passent au sein de l'eau.

» Ces faits que présentent les plantes verdoyantes, rappelés, voyons-en les conclusions relativement à l'alimentation des animaux.

» Le corps de l'homme, comme celui des animaux supérieurs, se compose d'un grand nombre de principes immédiats de propriétés assez diverses; la vie qui les anime n'a lieu qu'à cette condition : c'est le *fait*.

» Eh bien! l'animal ainsi constitué ne peut vivre exclusivement de composés minéraux, quoique certains d'entre eux lui soient nécessaires; il lui faut des principes immédiats produits par les plantes lorsque l'animal n'est pas carnivore.

» Précisément parce qu'il faut à l'herbivore un grand nombre de principes immédiats divers préparés par les végétaux, il faut que ces principes, quand ils ne sont pas identiques à ceux de l'animal, lui soient très-analogues.

» Voilà pourquoi les végétaux présentent aux animaux des principes immédiats se rapportant aux types variés de composition chimique que présentent les principes immédiats de ces mêmes animaux.

» Voilà la raison de l'analogie des composés ternaires et quaternaires organiques que vous trouvez dans la plante; des matières grasses, neutres et acides; des matières neutres, du sucre, des gommes, de la dextrine, de l'amidon susceptible de devenir soluble, un grand nombre d'acides. Parmi les composés quaternaires azotés, vous trouvez le gluten, l'albumine végétale, etc.; parmi les composés minéraux, vous trouvez des chlorures alcalins et des composés de phosphore, de soufre, de calcium, de magnésium, de fer, de manganèse, etc.

» Enfin, pour aider l'assimilation, l'homme recourt à des assaisonnements et l'animal lui-même n'y est pas insensible.

» Les animaux carnivores, ai-je dit, se nourrissent de chair crue, d'où la conséquence que les principes immédiats des herbivores ont la plus grande analogie avec les principes immédiats des carnivores.

De la cuisson des aliments.

» Après avoir rappelé le fait du grand nombre des aliments soumis par l'homme à la cuisson, j'ai dit que les modifications qu'ils éprouvent tendent généralement à les éloigner de la composition organique en les rapprochant de la nature minérale. Si cette remarque est fondée, comme je le crois, il ne faudrait pas lui donner un sens trop absolu parce que le premier je reconnais qu'on s'exposerait à l'erreur. C'est donc pour la prévenir qu'on me permettra sans doute quelques détails, dans la conviction où je suis que les savants livrés sérieusement à l'étude de la Physiologie ont peut-être traité trop légèrement ou envisagé avec trop d'indifférence l'EFFET *des préparations culinaires sur les propriétés des aliments.*

» Mon observation est fondée d'après ma propre expérience, quand on compare le tendon ou plus généralement le tissu cellulaire comme aliment à la gélatine qui en provient. Je ne partirai pas du tissu cru, mais du tissu gonflé par l'eau chaude et dans l'état où il conserve sa solidité, il est plus nourrissant que la gelée, et celle-ci à son tour l'est plus que le liquide provenant de la cuisson du tissu cellulaire à une température dépassant 100 degrés, ou opérée par une ébullition assez prolongée pour que le liquide concentré ne se prenne plus en gelée quand il se refroidit.

» La cuisson n'est pas désavantageuse aux liquides albumineux; de fades qu'ils sont à l'état cru, en devenant solides ils acquièrent un arome qu'on peut considérer comme un assaisonnement. En outre, comme l'albumine liquide et l'albumine coagulée ou cuite sont isomères, on n'est pas surpris de savoir que l'albumine cuite absorbée par les intestins repasse à l'état cru, qu'elle se *décuit* en un mot.

» La *cuisson* est favorable encore à la chair musculaire par les aromes qu'elle développe dans un certain nombre, et parce qu'elle ne nuit pas à l'albumine, comme nous venons de le voir, et que la modification qu'elle fait subir à la fibrine est très-légère.

» La *cuisson* n'est pas défavorable aux aliments farineux ni aux légumes parce qu'elle ne change pas beaucoup la composition du plus grand nombre, et que l'eau additionnée de $\frac{1}{125}$ de sel en relève à la fois la saveur et l'odeur.

» Indubitablement les fromages odorants, comme le gruyère, le hollande, le parmesan, sont nourrissants par la matière azotée provenant du caséum modifié qu'ils renferment; mais cette matière l'est moins à mon sens que le caséum frais. Les fromages odorants ont l'avantage d'un aliment qui se conserve, et dans les localités où le lait abonde, leur fabrication permet de préparer un aliment dont la matière première aurait pu se perdre faute de consommateurs. Mais les fromages odorants sont à mon sens précieux comme assaisonnement, si l'expression m'est permise, plutôt que comme aliment, quand on les compare sous ce rapport avec le fromage dit *à la pie*.

» Dans l'alimentation on doit tenir compte de la différence existant entre l'aliment d'une digestion rapide et l'aliment d'une digestion lente, graduelle. Sous ce rapport, le pain de froment est un des meilleurs que je connaisse, un de ceux qui soutiennent le plus longtemps, surtout quand il est associé à un aliment azoté et gras en même temps : c'est l'association avec le lard et les choux du pain de froment ou de seigle même qui est si favorable à la santé des habitants de l'ouest de la France. Les poissons, dont la chair est aqueuse et molle, se digèrent trop rapidement pour soutenir longtemps l'homme livré à un exercice violent qui s'en nourrit.

» Quelle que soit l'opinion qu'on adopte relativement à la *cuisson* des aliments, on sera obligé de reconnaître que, dans le passage de la partie nutritive de l'aliment de la face du tube intestinal dans l'intérieur du corps de l'homme, il y a *décuisson* à l'égard de plusieurs des principes immédiats organiques de l'aliment cuit.

» Aujourd'hui on reconnaît, comme fait d'expérience, qu'un même corps, une même espèce chimique, en s'unissant avec un autre corps, donne lieu à un nombre plus ou moins grand de calories, suivant différents états moléculaires où peut être le premier corps, et que ce nombre de calories est d'autant plus grand que l'union chimique est plus intense. En admettant ce fait, je me suis demandé si, dans la décomposition de l'acide carbonique par les plantes insolées, et lorsque l'oxygène, en redevenant libre et gazeux, reprend les calories qu'il avait perdues en s'unissant au carbone, il n'arrivait point que ce combustible insolé, en passant à l'état d'élément d'un principe immédiat organique, ne retenait pas de calories, soit qu'il en eût perdu en devenant gaz acide carbonique, soit qu'il en eût reçu dans l'insolation de la plante. S'il en était ainsi le carbone, en s'éloignant de l'état où il se trouvait dans le gaz acide carbonique, aurait éprouvé quelque chose d'approchant à ce que je viens de dire de la *décuisson* de plusieurs principes organiques cuits lorsqu'ils passent du tube intestinal dans l'intérieur du corps de l'homme. Cette manière de voir expliquerait comment l'insolation, en décomposant le gaz acide carbonique, restituerait la chaleur nécessaire à la constitution du gaz oxygène et, en en cédant au carbone, ne désorganiserait pas les tissus organiques où se passe le phénomène.

» La manière dont je viens d'envisager l'assimilation de la matière minérale dans les êtres vivants me conduit à faire remarquer que la plupart des auteurs des Traités de Physiologie, qui ont comparé la respiration de l'animal avec celle de la plante, sont passibles du reproche de ne pas s'être expliqués suffisamment sur la différence essentielle des deux actes.

» L'*analogie* réelle entre l'animal et la plante, relativement à la respiration, est le besoin de l'air atmosphérique pour la respiration.

» La *différence* est que l'air atmosphérique pénètre dans l'animal la nuit et le jour, et qu'alors l'oxygène brûle du carbone et de l'hydrogène qui sont exhalés à l'état de *gaz carbonique* et de *vapeur d'eau*, mais celle-ci dans l'expiration est mêlée à une quantité d'eau qui n'est pas le résultat de la combustion de l'hydrogène.

» Si les feuilles d'une plante sont en contact avec l'air *pendant la nuit*, il y a production d'acide carbonique, lequel, si les feuilles appartiennent à une plante grasse, reste en totalité dans les feuilles; mais, si celles-ci sont minces, une partie de l'acide carbonique est exhalée dans l'atmosphère.

» Lorsque les feuilles reçoivent l'*influence du soleil*, la différence de la plante d'avec l'animal est extrême : ce n'est plus, comme dans la nuit, de l'acide carbonique qui est produit, mais du gaz oxygène qui se dégage, et on en attribue l'origine à la décomposition de l'acide carbonique. C'est donc *le contraire*, *l'inverse* de l'émission du gaz acide carbonique sortant de la poitrine d'un animal supérieur. Et certainement la chaleur du soleil agit en restituant à l'oxygène la chaleur qu'il a perdue en s'unissant au carbone; s'il n'en était pas ainsi, le dégagement du gaz donnerait lieu à un refroidissement, en supposant, bien entendu, que sa décomposition fût possible sans l'intervention de la lumière du soleil. Enfin je rappelle que la réduction du carbone est accompagnée d'un phénomène de *décuisson*.

Dernières considérations sur la graine et l'œuf de l'oiseau.

» En partant de l'analogie de la germination de la graine avec le développement du germe dans l'œuf de l'oiseau, j'ai promis de revenir sur ce sujet, après avoir examiné la grande différence que présente, à l'observateur, l'assimilation de la matière comparée entre la plante verdoyante et l'animal adulte; je remplis cet engagement.

» La période de la vie végétale s'ouvrant par la germination et commençant dans la terre ou dans les eaux, dès que la graine a pris au milieu ambiant une certaine quantité de liquide, elle présente un phénomène à mon sens absolument semblable à celui de l'assimilation de l'aliment végétal à un corps animal; et certes, en se reportant au passé, c'est une des belles harmonies de la nature de voir ce qui se passe dans la vie d'une plante après la fécondation de l'ovaire : tout ce qui est nécessaire à la maturité de la graine y converge comme à un but final; et je rappelle qu'elle renferme, comme l'œuf de l'oiseau, les types principaux des compositions chimiques des principes immédiats organiques, et de plus les composés minéraux nécessaires à la vie. Il y a dans la graine des tissus organisés destinés à se développer sous la forme spécifique des ascendants au moyen de ses principes immédiats tenus en réserve sous le nom botanique d'*albumen*. Cet albumen, aliment de la plante incapable encore de vivre aux dépens de la matière du monde extérieur, nous explique par sa composition chimique même comment les graines sont si nutritives et pourquoi l'homme, les herbivores et tant de petits animaux les recherchent pour s'en nourrir, et dès lors pourquoi le cultivateur a tant de difficulté à mettre ses graines à l'abri des attaques du charançon et de l'alucite.

DERNIÈRES RÉFLEXIONS.

» A une certaine époque de la science on a étudié comparativement les graines, les racines, les tiges, les feuilles, les fleurs de diverses espèces de plantes, les œufs de diverses espèces d'animaux, et l'on a bien fait pour éclairer beaucoup de personnes disposées à établir des généralités, des principes, des lois mêmes sur un trop petit nombre de faits.

» Plus tard on a soumis à des examens analytiques des ensembles de corps connus sous des noms communs, comme *corps gras*, comprenant des huiles, des graisses, des cires, comme résines, etc.; on a cherché à les réduire en des espèces nettement définies de principes immédiats, et quand on y est parvenu, les résultats ont été excellents pour la science.

» Deux ordres de recherches seraient bien dignes d'occuper aujourd'hui les chimistes livrés à l'étude dont le but est de connaître les phénomènes que présentent les êtres vivants.

» Le premier consisterait à étudier comparativement un même principe immédiat, l'albumine par exemple, dans les différents liquides d'un même animal dont il est principe immédiat, puis de répéter la même étude sur le même principe dans diverses espèces d'animaux.

» Le second ordre de recherches serait de suivre la transformation que chaque espèce des principes immédiats d'un aliment peut éprouver dans le tube intestinal, puis lorsqu'il a passé dans le corps de l'animal qu'il doit nourrir.

» Sans prétendre donner un programme détaillé, qui ne peut servir qu'à ceux qui l'ont imaginé, il me suffit de signaler ces deux ordres de recherches aux jeunes savants doués de quelque esprit d'initiative.

» Certes je suis loin de considérer comme démontré tout ce que je viens d'écrire, mais je crois avoir coordonné quelques idées générales qui ne l'avaient point été. Une dernière réflexion se présente encore à mon esprit, et, en m'y abandonnant, je m'éloigne tant de la *méthode à* POSTERIORI *expérimentale* que je crains un peu qu'on attribue ma pensée à la *folle du logis*. Quoi qu'il en soit, l'idée du phénomène que j'ai exposé, sous la dénomination de *décuisson*, me paraît exacte, et c'est sous son impression que je pose les questions suivantes, qui me sont suggérées par la manière dont j'ai fait intervenir la considération de la *décuisson* dans la désoxygénation de l'acide carbonique lors de l'insolation des feuilles vertes.

» N'en est-il pas de même des éléments de beaucoup de principes immédiats organiques?

» N'est-il pas des maladies causées par la diminution de la chaleur (du nombre des calories) que ces éléments ont acquis en passant de l'état minéral à l'état de matière organique?

» Enfin, dans un animal qui vient de cesser de vivre, le premier phénomène qui se manifeste dans le cadavre, n'est-il pas produit par cette chaleur que perdent les éléments des principes immédiats?

DOCUMENTS.

Ier Document. — Quelques expériences sur deux préparations, dites farines de viande, faites en Amérique.

» Il y a une vingtaine d'années au moins que je fus consulté sur le moyen de tirer parti des viandes provenant des animaux abattus dans les plaines de la Plata pour en expédier les peaux en Europe. Je me gardai bien d'indiquer des procédés dont l'exécution se ferait par des personnes qui me seraient inconnues, et dans des conditions climatériques que je ne connaissais pas bien : mais, quoi qu'il en fût, je crus devoir insister sur la nécessité d'observer certaines conditions qui me semblaient essentielles à la bonne qualité du produit alimentaire qu'on se proposait de préparer.

» J'indiquai quatre conditions principales :

» 1° Se bien garder de cuire la viande en l'exposant à une température trop élevée pour la sécher ;

» 2° Éviter d'en séparer une matière soluble dans l'eau qui renferme à l'état latent l'arome auquel certaines viandes cuites doivent un caractère distinctif; je citerai la viande de bœuf et celle de la perdrix;

» 3° Éviter de mettre la viande dans des circonstances où elle pourrait s'altérer;

» 4° Éviter de la mettre en contact avec des métaux, tels que le cuivre, par exemple, qui pourraient la rendre nuisible.

» Dans le courant de l'été dernier on m'a remis deux préparations, sous la dénomination de *farines de viandes*, préparées à Buenos-Ayres; l'une avait été faite avec de la viande séchée à 55 degrés, c'est-à-dire à une température inférieure à la coagulation d'un liquide albumineux; l'autre provenait d'une viande séchée à une température bien supérieure à celle où s'opère cette coagulation, de sorte qu'elle pouvait passer pour cuite.

» Les expériences comparatives auxquelles j'ai soumis les deux préparations m'ont donné des résultats conformes à toutes mes prévisions. Désignons par A *la farine de viande crue* et par B *la farine de viande cuite.*

» 1 partie de chaque viande a été mise dans un ballon de verre avec 3 parties d'eau distillée.

» A a absorbé l'eau de manière à former une sorte de pâte, par suite du gonflement de la viande.

» B s'est gonflé, mais bien moins; aussi la viande était isolée d'une partie du liquide.

» Ce résultat des deux expériences comparatives est tout à fait conforme à ma prévision; car, évidemment, la partie plastique albumineuse n'étant pas cuite, a formé un liquide épais avec l'eau qui a été retenue en grande quantité par la partie fibreuse qui elle-même s'est plus gonflée que celle de B, qui avait été cuite.

» Les deux ballons ont été tenus plongés dans un bain-marie bouillant, durant six heures; il s'exhalait une odeur plus suave du bouillon A que du bouillon B.

» Après la cuisson, le bouillon A était en grande partie interposé avec la viande, tandis que la viande B était en grande partie séparée de son bouillon.

» Résultat conforme au précédent, car la viande B avait subi deux cuissons, et dès lors elle devait être, sinon racornie, du moins plus compacte, plus dure.

» Le bouillon et la viande A avaient le goût et l'odeur du bouillon et de la viande de bœuf, je n'oserais dire du meilleur bouillon et du meilleur bouilli, mais certes ils n'avaient rien de désagréable.

» Il en était autrement du bouillon et du bouilli de B, et pour être juste il fallait distinguer un premier goût et un arrière-goût : le premier était désagréable, sans que je puisse le definir par une comparaison, mais l'arrière-goût ne l'était pas.

» En définitive, sans prétendre que B ne serait pas comestible, je reconnais que A lui est supérieur incontestablement.

» Je ne donnerai aucune indication des procédés suivis pour confectionner les deux préparations, ne les connaissant point assez bien pour les décrire. Mais j'ai tout lieu de penser que si les deux farines renferment tous les principes immédiats de la chair musculaire, elles ne les renferment pas dans les mêmes proportions que celle-ci, toutes choses égales d'ailleurs. Ainsi j'affirme que la graisse s'y trouve dans une proportion notablement inférieure, car aucun des deux bouillons chauds n'a présenté à la surface cette graisse fondue qu'on appelle vulgairement les *yeux du bouillon*. B m'a paru en contenir moins que A. J'ai lieu de penser encore que les deux viandes, surtout B, avant la dessiccation, contenaient moins de la matière soluble dans l'eau où réside à l'état latent le principe aromatique de la viande cuite, que n'en contient la viande ordinaire.

» En définitive, les deux farines de viandes que je viens d'examiner justifient toutes les prévisions que j'émettais il y a plus de vingt ans sur les conditions qu'il faut observer pour faire de bonnes préparations de viande avec les animaux abattus dans les plaines de la Plata.

» J'ajouterai qu'en chauffant 1 partie des farines avec 25 parties d'eau dans des cornues pourvues de ballon pour recueillir les vapeurs condensables, j'ai reconnu :

» 1° Que, comme dans la cuisson de la viande ordinaire, les deux farines dégagent un produit sulfuré qui noircit le papier de plomb;

» 2° Que le produit aqueux de la farine A est légèrement ammoniacal, et qu'il trouble et colore légèrement par son soufre l'acétate de plomb; le produit aqueux de la farine B est légèrement acide et ne trouble ni ne colore l'acétate de plomb;

» 3° Que le produit aqueux de la farine A était rendu opalin par un peu de graisse qui avait passé mécaniquement de la cornue dans le ballon; le produit aqueux de B était limpide;

» 4° Que les liquides concentrés dans les cornues au même degré sont inégalement colorés; celui qui l'est le plus est le liquide de B;

» 5° Que ces liquides, qui sont du bouillon étendu d'eau, sont tous les deux acides au papier de tournesol, et qu'il en est de même des viandes A et B;

» 6° Que le principe qui donne au bouillon de B un goût et une odeur désagréables est plus sensible encore dans le liquide B concentré que dans son bouillon. Je ne sais à quoi comparer la sensation qu'il m'a fait éprouver.

IIe Document. — Inconvénient de détourner l'acception de différents mots définis par la science.

» En toute circonstance où j'ai pu insister dans l'intérêt de la science sur la nécessité de maintenir l'acception des mots définis par elle, je ne me suis point abstenu de le faire, convaincu des inconvénients de l'inobservation d'une règle que justifie si puissamment la pensée fondamentale de la nouvelle nomenclature chimique!

» Un fait récent relatif aux corps gras considérés comme aliment ne peut que me confirmer dans cette manière de voir. Mais avant de l'exposer, je demande à l'Académie qu'elle veuille bien entendre quelques détails relatifs à l'histoire des travaux auxquels les corps gras ont donné lieu.

» En 1813, quand je présentai à l'Académie mon premier Mémoire sur les corps gras, j'éprouvai une vive contrariété lorsque M. Thenard, de l'amitié duquel, je le reconnais, je n'ai jamais eu qu'à me louer, mais qui tenait excessivement à ses opinions scientifiques, me fit tant d'observations sur la dénomination d'*acide margarique* que j'avais donnée à un corps dont l'acidité, à mon sens, ne pouvait être l'objet d'un doute, que je crus devoir le décrire en définitive, par déférence, sous le nom de *margarine*, tout en ne dissimulant pas dans mon Mémoire mon opinion sur la propriété fondamentale que je lui avais attribuée. Le motif allégué par M. Thenard pour rejeter mon opinion, était que la qualification d'*acide* ne pouvait appartenir à un composé ternaire organique qu'à la condition d'une composition équivalente à *carbone* + *eau* + *oxygène;* or, l'acide margarique équivalait à *carbone* + *eau* + *hydrogène*, composition, selon M. Thenard, essentielle aux corps inflammables, conséquemment aux corps gras.

» Sans entrer dans de plus grands détails, Berthollet, qui apprécia comme rapporteur mes travaux sur les corps gras avec tant de bienvaillance, adopta mon opinion en disant dans son Rapport sur mon sixième Mémoire le 23 décembre 1816 à l'Académie : « La suite des recherches de M. Che-

» vreul a fait voir que la *margarine* est un acide parfaitement analogue » aux autres. »

» Après la découverte des *acides oléique, stéarique, phocénique, butyrique, caproïque, caprique, hircique,* après avoir insisté sur les différences qu'ils présentent d'avec les corps gras neutres que j'avais définis sous les noms de *stéarine, oléine, phocénine, butyrine, caproïne, caprine, hircine, cétine, cholestérine;*

» Enfin, après l'assentiment donné par tous les chimistes à l'opinion *finale* sur les *corps gras saponifiables* que j'assimilai aux éthers salins et aux sels; après avoir nettement distingué l'acide stéarique de l'acide margarique, et après avoir montré que les corps gras neutres saponifiables représentés à l'état de pureté par un acide uni à la glycérine ou à un carbure d'hydrogène, l'éthal, je pus dire qu'il existe dans les suifs, les graisses et les huiles, trois espèces principales de composés neutres : la *stéarine*, la *margarine* et l'*oléine*.

» Cette digression rétrospective n'était point inutile pour montrer la différence réelle et incontestable existant entre les corps gras neutres, la stéarine, la margarine et l'oléine, et leurs acides stéarique, margarique et oléique, et comment la stéarine, la margarine et l'oléine constituent par leur mélange des suifs, des graisses et des huiles d'après leurs proportions respectives; et comment ces mélanges diffèrent des beurres qui renferment de plus de la butyrine, de la caproïne, de la caprine, etc., corps neutres qui sous l'influence de l'air répandent des vapeurs odorantes d'acide caprique et caproïque et surtout d'acide butyrique.

» Une fois ces différences reconnues, on sent très-bien l'erreur que commettrait celui qui, sous le pretexte que l'huile d'olive représentée principalement par de la *margarine* et de l'*oléine*, viendrait vous proposer de la remplacer dans l'alimentation par les *acides margarique* et *oléique* provenant de la décomposition du savon de Marseille par un acide.

» Une conséquence des faits exposés, c'est qu'il n'est pas possible de considérer le mélange d'*une huile* formée de margarine et d'oléine avec un ensemble d'acides stéarique et margarique servant à la confection des *bougies* dites *stéariques*, comme un produit alimentaire équivalent à une graisse neutre formée de stéarine, de margarine et d'oléine. Il en serait autrement d'un mélange de stéarine et de margarine avec une huile formée de margarine et d'oléine d'une fusibilité intermédiaire entre la stéarine et la margarine d'une part, et d'une autre part l'huile.

» Récemment consulté sur la question de savoir si le mélange d'une huile avec les acides stéarique et margarique pouvait remplacer une graisse, j'ai répondu négativement, en ajoutant cependant qu'il n'était pas probable que les corps gras acides fussent nuisibles à la santé comme *toxiques*.

» Lorsqu'on me consulta, on s'énonça en ces termes : Croyez-vous que le *mélange d'une huile comestible avec de la stéarine puisse remplacer une graisse alimentaire plus fusible que la stéarine et moins liquide que l'huile?* Ma réponse fut affirmative. Mais lorsqu'on m'eut dit que la *stéarine* était la matière grasse de la bougie stéarique, je fis la remarque précédente, et alors l'*inconvénient du changement d'acception des mots définis par la science effectué par l'ignorance ou la mauvaise foi me frappa et me détermina* à écrire les réflexions que je viens de faire, en répétant ici que les personnes qui me consultaient de parfaite bonne foi avaient été trompées par le commerce et l'industrie qui appellent *stéarine* dans leur transaction les *acides stéarique et margarique* constituant la bougie.

» Je citerai à l'appui de mes réflexions sur l'inconvénient que je signale un fait qui remonte à plus de vingt ans et a quelque analogie avec celui dont je viens de parler.

» Un ouvrier en chambre vint me consulter sur la cause pour laquelle il ne réussissait pas dans la teinture en bleu de cuve des peaux de mouton pourvues de leur toison. Je lui donnai une recette; il la pratiqua sans succès. Lorsqu'il m'en fit part, je lui demandai un échantillon de la potasse qu'il avait employée, et c'est alors que je sus que les épiciers vendent à Paris sous le nom de *potasse* une *soude* carbonatée provenant de la calcination de l'eau mère du sel de soude, fait qui se passe encore dans le commerce de Paris. J'ajoute que d'après mes expériences le sous-carbonate de soude ne peut remplacer le sous-carbonate de potasse dans le *montage* de la cuve d'acide.

» Enfin M. Payen m'a assuré que cette fraude remonte à l'année 1807. Car alors on mit dans le commerce, sous le nom de *potasse d'Amérique*, le produit dont je parle coloré par un sel de cuivre. »

« Je ne connais pas les expériences de M. Rabuteau, que M. Bertrand vient de présenter à l'Académie, mais des observations auxquelles elles ont donné lieu me suggèrent quelques réflexions que je crois devoir soumettre à mes confrères.

» En principe, rien de plus difficile dans l'état actuel de nos connaissances que de prononcer *au nom de la science* sur l'intensité de la propriété nutritive de tel aliment ou de tel autre, à cause de la grande différence existant entre l'*idiosyncrasie* des individus; et ici j'invoque mon expérience personnelle.

» Toutes les personnes de ma famille buvaient du vin, tandis que, dès mon plus jeune âge, une répugnance invincible m'en éloignait, et cette répugnance dure encore. Même aversion du poisson, dégoût d'un grand nombre de légumes, et je n'ai jamais pu me résoudre à boire du lait pur. Conclurai-je de là que le poisson, les légumes que je n'aime pas et le lait ne sont pas nutritifs? Non certainement, parce que je tiens compte d'un fait général, quoiqu'en opposition avec mon *idiosyncrasie*.

» Je viens d'entendre que le café et le chocolat agissent de même. Quant à mon *idiosyncrasie*, ils sont tout à fait différents: le café me soutient sans que j'accepte à présent les raisons qu'on a données pour en expliquer l'effet, tandis que le chocolat, dont le goût m'est agréable, me fait sentir le besoin de manger une ou deux heures après l'avoir pris, effet opposé à celui du café. Consulté dans les premières années de la conquête de l'Algérie sur l'usage du café pour l'armée, je n'hésitai pas à le recommander avec insistance, de préférence aux spiritueux, et le temps a prononcé que je n'avais pas tort.

» M. Wurtz a émis l'opinion qu'il peut y avoir dans la nutrition une grande différence entre tel aliment renfermant des principes albumineux et tel autre renfermant autant d'azote faisant partie de principes immédiats cristallisables. Je partage son opinion, et je crois en avoir donné la raison dans le Mémoire du dernier *Compte rendu*.

» A cette occasion, j'exprimerai ma manière de voir relativement à l'*esti-*

mation de la qualité alimentaire d'après la proportion de l'azote contenue dans les aliments.

» Je m'occupe depuis trop longtemps de l'analyse organique immédiate pour ne pas être convaincu de la nécessité absolue de la consulter dans la plupart des questions du ressort des sciences de la vie; car les phénomènes des êtres vivants étant inhérents aux principes immédiats qui les constituent, négliger la connaissance de la nature spécifique de ces principes dans la discussion des faits relatifs à l'alimentation, c'est s'exposer à l'erreur. Effectivement, établir une échelle des aliments sur la proportion de leur azote élémentaire, c'est donner prise à une critique qui a quelque analogie avec celle qu'on a faite des travaux des premiers membres de cette Académie qui se livrèrent dès sa fondation, durant trente ans environ, à des recherches dont le but était de *connaître les propriétés des plantes d'après les produits de leur distillation sèche* (1). Si cette proposition est erronée depuis que l'analyse organique immédiate a pu déterminer de la manière la plus précise tant d'espèces de principes immédiats organiques doués de propriétés si remarquables, ne perdons pas de vue l'époque des travaux de nos prédécesseurs; la première théorie chimique, celle du phlogistique, n'existait point encore, et l'idée des affinités chimiques ne fut introduite dans la science que de 1717 à 1718.

» Je ferai remarquer qu'il y avait un progrès réel lorsque Dodart et ses collaborateurs pensèrent avec raison, tout en reconnaissant la théorie des quatre éléments, que les propriétés des êtres vivants en général, et celles des plantes en particulier, résidaient immédiatement dans des composés de ces quatre éléments et non dans ces éléments mêmes; en cela ils envisageaient la constitution des êtres vivants, comme les esprits les plus élevés et les plus scientifiques des alchimistes avaient envisagé les métaux en les considérant comme formés immédiatement de soufre, de mercure et de sel, lesquels soufre, mercure et sel étaient chacun composés des quatre éléments. Eh bien! il est désirable que les savants modernes ne s'exposent pas au reproche fait aux anciens académiciens, en cherchant la solution de la question qui nous occupe en dehors des principes immédiats des aliments :

---

(1) En faisant l'histoire de ces travaux dans plusieurs articles du *Journal des Savants* (février, octobre, novembre 1858), j'ai montré qu'ils avaient été mal jugés, et que des choses excellentes et originales avaient été injustement méconnues des critiques. Quant à la pensée qui avait institué ces travaux, elle était élevée; mais l'état de la science ne permettait de faire que ce qu'on a fait alors.

il faut, pour que l'analyse élémentaire ne trompe pas, et particulièrement la proportion de l'azote, ne soumettre à des analyses élémentaires comparatives que des aliments réputés analogues par un long usage. A cette condition seulement le résultat de l'analyse élémentaire aura quelque valeur.

» J'étends cette manière de voir à l'analyse des engrais : le dosage de l'azote ne doit jamais être séparé de la prise en considération du temps que l'engrais met à se décomposer dans les circonstances où il est employé, c'est-à-dire relativement au sol, au climat et à la plante qu'il doit nourrir.

» Je demanderai si, un aliment ou une matière proposée comme tel renfermant de l'urée, son azote serait compté ou exclu de la quantité de l'élément qui le classe dans l'échelle des aliments? La question ainsi posée prouve la nécessité de recourir à l'analyse immédiate, qui seule est compétente pour savoir si l'urée existe ou n'existe pas dans l'aliment soumis à l'examen dont je parle.

» Enfin je me demande quelle est l'origine de l'azote qui est évacué, sous forme d'*urée* et d'*acide urique*, des corps de l'homme et d'animaux supérieurs à l'état adulte et supposé invariables de poids dans les vingt-quatre heures?

» L'azote vient-il immédiatement de l'aliment, ou vient-il de principes immédiats préalablement formés, qui, après avoir satisfait à des actes que la science ne connaît point encore, seraient *usés*, qu'on me passe cette expression, et dès lors expulsés des corps vivants à l'état excrémentitiel? En ce cas, cette excrétion serait conforme à l'opinion de la *rénovation* de la matière des organes vivants. Quoi qu'il en soit, la formation de l'urée et de l'acide urique simultanée avec la respiration a-t-elle de l'influence soit pour augmenter, soit pour diminuer la chaleur animale? C'est une question qu'il me paraît utile de proposer. »

GAUTHIER-VILLARS, IMPRIMEUR-LIBRAIRE DES COMPTES RENDUS DES SÉANCES DE L'ACADÉMIE DES SCIENCES.
Paris. — Rue de Seine-Saint-Germain, 10, près l'Institut.

INSTITUT NATIONAL DE FRANCE.

ACADÉMIE DES SCIENCES.

Extrait des *Comptes rendus des séances de l'Académie des Sciences*, t. LXXI et t. LXXII.

RÉSUMÉ HISTORIQUE DES TRAVAUX DONT LA GÉLATINE A ÉTÉ L'OBJET,

Par M. CHEVREUL.

PREMIÈRE PARTIE.

« Rien de plus intéressant que l'histoire des écrits relatifs à des faits scientifiques susceptibles d'applications, surtout quand ils le sont à l'économie domestique.

» L'histoire des travaux dont la gélatine a été l'objet justifie cette proposition, mais je ne prétends pas la faire en ce moment, vu que je ne dispose pas du temps qu'elle exigerait, je me borne à tracer un résumé des principaux travaux dont elle se compose dans l'ordre chronologique où ils ont été produits.

§ I.

» L'origine de l'histoire de la gélatine date de la publication des travaux de D. Papin sur *la manière d'amollir les os et de faire cuire toutes sortes de viandes en fort peu de temps et à peu de frais*.

» En 1680, R. Boyle avait parlé de son digesteur, et en 1682 Papin publia son livre.

» Papin, en homme de génie et en observateur consciencieux, apprécia parfaitement les faits de la cuisson des matières alimentaires d'origine animale dans son digesteur; je me borne aux citations suivantes.

» Si la cuisson des os a été faite à une chaleur trop grande, la *gélée étant moins forte est aussi moins nourrissante* (page 26).

» Le brochet donne de la gelée par la cuisson, tandis que le maquereau n'en donne pas (page 44).

» Le cartilage se dissout presque en entier et donne une forte gelée (page 71).

» Enfin remarquons que la plupart des expériences de Papin ont été faites comparativement, et de plus que quelques auteurs ont eu tort de donner à croire que le bouillon qui sortait du digesteur avait toujours un goût d'empyreume : avant d'imaginer mon digesteur distillatoire (1) j'ai fait un assez grand nombre d'expériences avec le digesteur primitif pour protester contre cette allégation.

» Je ne quitterai pas ce sujet sans faire remarquer que dans le Rapport de Magendie fait au nom de la 2e Commission de la gélatine, la phrase soulignée dans la citation suivante n'est pas exacte :

« L'appareil où s'opéraient, dit Magendie, de si surprenantes transformations fut présenté à l'Académie, qui le vit fonctionner et put ainsi *contempler la vapeur à une haute température s'appliquant pour la première fois à des usages économiques* (2). »

» Cette assertion est absolument inexacte, puisque le digesteur de Papin, loin d'avoir été imaginé pour faire agir la vapeur sur les corps, l'a été pour faire agir un *liquide quelconque* à une température plus élevée que celle qui le porte à l'ébullition sous la simple pression de l'air. Ajoutons que l'expression de *haute température* est impropre; la vérité est qu'il faut agir à une température supérieure à 100 degrés quand on opère avec de l'eau, mais toujours inférieure à celle qui altérerait la matière organique soumise à l'expérience.

§ II.

» Claude-Joseph Geoffroy le jeune, frère d'Étienne-François (3), s'était proposé, en 1730 et 1732, de déterminer ce que l'eau bouillante enlève aux viandes que l'on consomme ordinairement, et de connaître la proportion de l'extrait soluble pesé à l'état sec, relativement au résidu indissous

---

(1) *Mémoires du Muséum d'Histoire naturelle*, t. Ier, p. 375.

(2) Tome XIII, p. 240, des *Comptes rendus*.

(3) L'auteur de la *Table des affinités ou rapports des différentes substances en chimie*.

pesé de même à l'état sec. Les deux matières étaient distillées ensuite (1).

» Il soumit encore à l'action de l'eau bouillante les os, la corne de cerf, l'ivoire, etc.

» Si les résultats généraux de ces recherches n'ont pas une grande valeur, il en est un auquel j'attache de l'importance, parce qu'il rentre dans une proposition générale que j'ai mise en avant comme règle de l'analyse immédiate organique, et pour bien faire comprendre l'esprit d'après lequel le chimiste qui l'exécute doit se guider.

» Le but de cette analyse est d'isoler les espèces chimiques qui constituent immédiatement les êtres organisés, les résultats ne doivent donc pas être altérés; or la première observation à faire est de constater s'ils présentent les propriétés de la matière avant l'analyse.

» Eh bien! c'est un exemple à suivre que je trouve dans le travail de Geoffroy.

» Ayant soumis à la distillation au bain-marie chaque sorte de viande, il observa que le produit volatil de la viande de bœuf avait l'odeur propre au bouillon de cette viande.

» Mes recherches ont appris que le principe odorant résidant à l'état latent dans une matière soluble, est mis en liberté par la cuisson.

§ III.

» Jusqu'à l'année 1758 on n'avait pas d'idée précise de la nature chimique des os. Hérissant contribua beaucoup à la faire connaître par un travail remarquable qui était bien l'œuvre d'un maître.

» Des os furent plongés dans 4 parties d'eau, rendue acide par 1 partie d'acide azotique fumant. Après un certain temps, une matière indissoute conservant la forme de l'os, flexible, de nature organique, fut séparée d'une matière soluble dans l'acide, dont Hérissant constata la nature calcaire; mais alors on ne connaissait ni la composition des carbonates, ni celle des phosphates. C'est donc à Hérissant qu'est due la démonstration de ce fait capital : l'os est formé d'un tissu organisé et d'une matière calcaire.

---

(1) Examen chimique des viandes qu'on emploie ordinairement dans les bouillons, par lequel on peut connaître la quantité d'extrait qu'elles fournissent, et ce que chaque bouillon doit contenir en suc nourrissant. *Mémoires de l'Académie des Sciences*, année 1730. Suite, *Analyse du pain*, 1732.)

» Il étendit cette conclusion quelques années après (1766) aux coquilles terrestres, aux coquilles d'eaux douces et d'eaux salées, aux madrépores, au corail, et insista sur la beauté de l'organisation des tissus organiques durcis par la matière terreuse.

» C'est donc à Hérissant qu'on doit le procédé d'extraction du *parenchyme*, du *cartilage*, de l'*osséine* au moyen des acides. Seulement, aujourd'hui on préfère avec raison l'acide chlorhydrique à l'acide azotique; mais n'omettons pas de faire remarquer que du temps de Hérissant, il était plus facile de reproduire une eau acidulée toujours la même, en recourant à l'eau forte qu'en employant l'esprit de sel ou l'acide chlorhydrique.

§ IV.

» En juillet 1775 parut dans le *Journal de Physique* un écrit assez étendu intitulé : *Recherches sur une loi générale de la nature, ou Mémoire sur la fusibilité et la dissolubilité des corps relativement à leur masse, où l'on trouve l'art de tirer facilement et sans frais* UNE MATIÈRE ALIMENTAIRE *de plusieurs corps dans lesquels on ne reconnaissait pas cette qualité; par* M. CHANGEUX.

» Je reproduis textuellement ce titre pour montrer la prétention de l'auteur, qui, plein de foi dans sa *loi générale,* se berce de l'espoir qu'elle *mettra un jour les hommes en état de ne jamais craindre les horreurs de la famine.*

» Voyons l'application de la loi de Changeux au sujet qui nous occupe.

» *L'action du feu est relative à la masse des corps, de telle sorte que de deux parties égales d'un même corps, l'une présentera d'autant moins d'obstacle au feu qu'elle surpassera l'autre en surface.*

» En divisant les corps, on leur donne des propriétés qui peuvent les rendre aptes à des usages qu'on ne pouvait prévoir avant leur division, et Changeux cherche à en donner la preuve en s'occupant successivement des trois règnes.

» Je ne parlerais pas du règne minéral, si Changeux n'avait pas décrit une expérience qui est précisément celle que M. Pelouze communiqua à l'Académie quelques mois avant sa mort.

« Le verre en masse, dit Changeux (1), est indisoluble dans l'eau, c'est pourquoi on en fait des vases, etc; cependant il devient presque aussi dissoluble que le sel, lorsqu'on le réduit en poudre très-ténue. En effet, que l'on fasse bouillir cette poudre dans l'eau, et l'on sera étonné de l'énorme quantité qui sera fondue par cette simple opération. »

» Passons aux graines des plantes farineuses. Sont-elles réduites en *farine?* elles se changent très-promptement au moyen de l'eau en une GELÉE *alimentaire*, ce qu'elles ne feraient que difficilement si elles étaient restées à l'état de masse. Remarquons en passant l'expression de GELÉE *alimentaire*, comme l'expression de SUC *nourricier*, toutes les deux concernent des *apparences*, des *formes*, des *propriétés* de matières qu'on juge comme étant l'indice de la partie essentielle des aliments. Et voilà l'explication de l'opinion de ceux qui n'attribuent la propriété nutritive de la viande qu'à la gélatine qu'elle donne, et qui sérieusement soutiennent que les os sont plus nutritifs qu'elle parce que, à poids égal, ils renferment plus de gélatine.

» Changeux se demande si le lin et le chanvre, après avoir été linge, ne deviendraient pas par l'infusion et la trituration un vrai *parenchyme* qui, purifié, pourrait être aussi alimentaire que la *gelée* fournie par les *poudres des graines farineuses*; il ajoute que ses expériences lui ont prouvé qu'il n'est pas *de bois et de matière végétale* qui par la division ne puisse servir de nourriture à l'homme.

» Le raisonnement de Changeux appliqué aux produits d'origine animale, le conduit à la conséquence qu'il suffit de ramollir et de dissoudre les parties les plus dures des animaux, telles que les cornes, les ongles, l'ivoire, les plumes, les poils, les barbes de baleine, etc., pour en faire une matière alimentaire.

» Voilà comment l'auteur est conduit à reproduire l'idée de Papin relative à faire servir les os à l'alimentation; mais le procédé qu'il propose pour atteindre ce but n'exige plus de digesteur, il suffit de diviser les os le plus possible, soit au moyen d'un pilon, soit au moyen d'un moulin, et d'en soumettre la poudre à une heure d'ébullition dans l'eau. Le produit est une gelée, dit Changeux, aussi savoureuse, aussi restaurante que la gelée de viande.

» *Quelques cuillerées de poudre d'os de bœuf, de veau, etc., fourniront une quantité énorme de gelée qu'on assaisonnera avec du sel et, si l'on veut, quelques aromates.*

» N'insistons point sur la confusion, dans l'esprit de l'auteur, des propriétés chimiques de l'affinité et de la dissolution chimique d'une part, avec la division purement mécanique de la matière d'une autre part. Cette confusion était naturelle dans l'esprit d'un homme qui n'était pas chimiste. Quoi qu'il en soit, il n'est pas sans intérêt de rappeler ce que j'ai dit à propos

(1) *Journal de Physique*, t. VI, p. 40 (1775).

de la découverte de la Montgolfière : des *idées inexactes peuvent conduire à des découvertes*, et dans le travail de Changeux que je rappelle, n'oublions pas l'altération profonde du verre en poudre par l'eau bouillante et l'importance de son expérience de la division mécanique des os pour en obtenir la gelée. Nous allons voir la haute estime que l'illustre Proust attachait à cette découverte.

§ V.

» Nous sommes arrivés à l'année 1791, époque à laquelle un opuscule intitulé : *Recherches sur les moyens d'améliorer la subsistance du soldat*, parut à Madrid où l'auteur, Proust d'Angers, professait la chimie, après avoir quitté la chaire qu'il avait occupée à l'École d'Artillerie de Ségovie.

» Dire ici que le génie de Proust a été méconnu serait manquer étrangement à la vérité; car en 1816 l'Académie l'appelait dans son sein à la presque unanimité des suffrages, et pourtant il était absent de Paris et ne quitta point l'Anjou, où il mourut en 1826. Quoi qu'il en soit, hors de cette enceinte ses travaux ont-ils toujours été cités quand ils auraient du l'être? je ne le pense pas, comme on le verra; aussi ne manquerai-je pas l'occasion de rappeler la grande part qu'il a dans l'histoire de la gélatine en insistant sur le mérite scientifique de l'opuscule dont je viens de reproduire le titre.

» Proust reconnaît, avec ses prédécesseurs et ses contemporains, en commençant son écrit, que la substance de la gelée existe dans la viande et dans les os, et qu'extrêmement attendrie dans la première, elle est bien mieux disposée à être dissoute par l'eau, que ne l'est la substance de la gelée des seconds qui se trouve en proportion plus forte, mais endurcie, sèche et comprimée dans des cellules des os. Le digesteur fut imaginé pour l'en extraire, mais les inconvénients de l'appareil ont empêché que l'usage s'en étendît.

» Proust, mettant à profit l'observation de Changeux, relative à la préparation de la gelée, en a fait sentir l'importance en comparant la quantité de gelée obtenue des os réduits en quelques morceaux seulement, comme on le fait généralement dans les cuisines, avec la quantité de gelée obtenue des mêmes os après qu'on les a eu réduits en poudre.

» Avant d'aller plus loin, disons la cause de l'exactitude des expériences de Proust. Sachant qu'elles ne peuvent être précises sans l'usage de la balance, et que si elles sont comparatives, les conséquences n'en sont acceptables qu'à la condition du contrôle auquel on soumet les produits amenés à un état identique, il reconnut en principe la nécessité d'amener à un état constant de siccité les gelées qu'il voulait comparer relativement à leurs poids respectifs, sachant que les *gelées* renferment des quantités trop variables d'eau pour donner des résultats certains. Proust appelle *pastilles de bouillon* ou simplement *pastilles*, les gelées amenées ainsi au même degré de siccité; et, grâce à cette manière de procéder, l'auteur des *Recherches des moyens d'améliorer la subsistance du soldat* est arrivé à des conclusions qu'aucun travail postérieur à son opuscule de 1791 n'a pu contredire, comme je vais le démontrer sans peine.

A. *Tous les os ne donnent pas la même quantité de gelée.*

» En indiquant les quantités de pastilles obtenues des os, il a grand soin de distinguer ceux-ci, afin d'éviter les mécomptes résultant d'une moyenne prise sur des quantités dont les extrêmes seraient fort différents.

» En outre, il distingue, pour chaque sorte d'os, deux cas très-différents : le premier est celui où les os ont été simplement cassés en quelques morceaux, comme on le fait dans les cuisines habituellement; et le deuxième concerne les os mêmes qui déjà ont subi l'ébullition du *pot-au-feu*, que l'on soumet à une nouvelle cuisson, après les avoir pulvérisés conformément à la prescription de Changeux.

» Pour 1000 parties :

Les *os de jambes de bœuf*, séparés de la moelle et de leurs extrémités, ont donné..............................	53,08	de pastilles.
Les *os des articulations* des cuisses et des jambes.	98,25	»
Les *os des hanches* ont donné....	175,37	»

» Voici maintenant les résultats obtenus des mêmes os simplement cassés, ensuite réduits en poudre :

1280 gros.	1er *cas.*	2e *cas.*	
	gros	gros	
Os de jambe..........	2,25.............	71,83	:: 1 : 31,9
» des articulations....	6,50.............	120,00	:: 1 : 18,4
» de hanche.........	18,50............ .	208,00	:: 1 : 11,2
» de côte et vertèbres .	?............	178,00	
» de mouton.........	?............	154.00	
» de cochon..........	?............	155,00	

B. *Toutes les gelées d'os ne sont pas de la même qualité.*

» Toutes les gelées ne sont pas identiques : celle des côtes est préférable à celle des os de hanche. La gelée des os de mouton a l'odeur de la viande de l'animal.

C. *Préparations diverses de gélée d'os.*

» 1° *Bouillon.* — Si quelque chose justifie la règle suivie par Proust d'exprimer les quantités de gelée à l'état de pastille, c'est l'observation suivante appliquée à la préparation de bouillon d'os susceptibles de se prendre en gelée à diverses températures.

1 *partie de pastille* et 31 parties d'eau donnent un bouillon, qui se prend en gelée aux températures de zéro à 5 degrés.
» et 24 parties d'eau donnent un bouillon qui se prend en gelée aux températures de 6 à 9 degrés.
» et 18 à 20 parties d'eau donnent un bouillon qui se prend en gelée aux températures de 10 à 14 degrés.

» 2° *Blanc manger.* — On prend de 14 à 15 onces de gelée; on y ajoute 1^{onc},5 de sucre, et du sel.

» On tire avec elle le lait de 12 amandes douces et de 4 amandes amères, que l'on aromatise avec un peu d'écorce d'orange.

» 3° *Soupe.* — La gelée fait une soupe excellente avec des pois chiches, des choux, des navets et des carottes. C'est une sorte de julienne.

D. *Bouillon de viande.*

» Proust admet qu'il faut 3 ou 4 livres de viande pour obtenir 1 livre de gelée, tandis que les os en donnent bien davantage, comme on a pu le voir quand on les traite convenablement; et il admet que 1 livre de gelée représente à peu près une demi-once de pastille; en d'autres termes :

» De 128 à 96 parties de viande donnent 32 parties de gelée représentant 1 partie de pastille;

» 10 livres de viande désossée, c'est-à-dire 1280 gros ont donné 40 gros de *pastille* difficile à sécher. 8 gros ou 1 once de pastille ont donné un bouillon comparable à celui d'os, en ajoutant 20, 24, 31 onces d'eau selon la température.

» Nous verrons dans un autre Mémoire de Proust qu'en prescrivant d'ajouter à la ration du soldat la gelée que représentent 12 onces d'os pulvérisés, avec lard et légumes, il comprend dans cette ration la viande que le soldat reçoit. En définitive, sa décoction ou son bouillon d'os s'ajoute à du bouillon de viande.

» Enfin Proust a encore le mérite d'avoir attiré l'attention sur l'avantage qu'il y a de retirer la graisse contenue dans les os. Si les os les plus denses n'en contiennent guère que 0,05 au plus, il en est qui en donnent 0,125 et même 0,25. L'extraction en est fort simple, il suffit de jeter dans l'eau bouillante les os réduits en gros fragments et non en poudre; car dans ce dernier état il se fait un mélange tellement intime que l'eau ne peut en séparer la graisse. J'ai mentionné une action analogue de la magnésie calcinée sur la graisse de porc (1).

» Je passe beaucoup de détails intéressants; mais ceux que je viens d'exposer m'ont paru indispensables pour montrer la supériorité avec laquelle Proust a traité ce sujet. Si le lecteur est curieux de recourir à l'original, il verra quelques réflexions heureusement exprimées sur la coutume du boucher de faire payer les os autant que la viande.

§ VI.

» Il me reste, pour compléter ce que je me suis proposé de dire du travail de Proust sur la gelée des os, d'ajouter quelques mots relatifs à un opuscule de Cadet de Vaux qui parut, je crois, en 1803, et qui fut, de la part de Proust, l'objet d'une critique pleine d'esprit. Mais pour que l'on comprenne bien tout ce qui va se rattacher à l'histoire du bouillon d'os dans la première moitié de ce siècle, je dois parler de l'influence que quelques personnes dites *philanthropes* ont exercée sur l'usage du bouillon d'os dans les hôpitaux et les hospices, en voulant le substituer à celui du bouillon de viande; car sans la connaissance de cette influence, il est impossible de comprendre des faits relatifs aux deux Commissions dites *de la gélatine* que je veux faire connaître.

» 1803. *Cadet de Vaux,* auteur d'une brochure *sur la gélatine des os et son bouillon.*

» Cet écrit, postérieur de douze ans au moins à l'opuscule de Proust, et de deux ou trois ans à l'extrait de cet opuscule, inséré en 1801 au LIIIe volume du *Journal de Physique,* demande quelques réflexions préalables relatives à l'état de la société parisienne de la fin du XVIIIe siècle et du commencement de celui-ci, si l'historien veut donner une idée juste des travaux sur la gélatine. La vérité l'exige de ma part, dans l'impossibilité où je me trouve de ne pas donner pleine raison à Proust, lorsqu'il réclame devant le public, avec autant de vivacité que d'esprit, le droit de priorité sur Cadet de Vaux; mais je ne voudrais pas que la condamnation, quelle qu'en soit la sévérité, donnât à penser que le juge a méconnu ce

(1) *Recherches chimiques sur les corps gras d'origine organique,* p. 360; 1823.

qu'il y avait d'honorable dans un *philanthrope;* des relations assez intimes, remontant à l'année 1818, ne me permettent pas le moindre doute sur le désintéressement de sa conduite; et homme du monde aimable et agréable, il m'a toujours paru avoir passé sa vie dans la meilleure société de Paris.

» A partir de l'avènement de Louis XVI au trône, on compte bien peu d'écrits de quelque renom où se trouvent des mots plus répétés que *sensibilité* et *sensible.* Romances, pièces de théâtre, discours académiques, plaidoyers, écrits politiques, partout on les lit, partout on les relit. Les mots *philanthropie* et *philanthrope* sont de la même époque; ils ont commencé à être fréquemment employés dans les discussions élevées entre les écrivains dits *économistes* et leurs adversaires; et tout le monde sait le prix que le marquis de Mirabeau attachait au titre de l'*ami des hommes!* Si le mot *sensible* fut peut-être trop fréquemment employé et le mot *philanthrope* un peu trop prodigué, je demanderai s'il n'y a pas quelque inconvénient à ce que des mots relatifs à des qualités morales, dont l'excellence est incontestable, reviennent continuellement dans la conversation et dans les écrits quotidiens?

» La vérité est qu'un *philanthrope,* à la fin du XVIIIe siècle et au commencement du nôtre, était quelque chose. Et qui pourrait en douter lorsqu'on a vu comme nous, en 1810, l'indignation de tant d'honnêtes gens après la représentation des *Deux Gendres!* ils ne pardonnaient pas à Étienne, l'auteur de cette comédie, d'avoir fait de Dervière, un des gendres, un *philanthrope,* duquel on dit dans la pièce : « Il s'est fait bienfaisant pour être » quelque chose », et il faut dire que les sentiments de Dervière à l'égard de son beau-père Dupré ne sont nullement *philanthropiques.*

» Ces souvenirs fidèles d'un temps passé montrent donc qu'un *philanthrope* comptait alors pour quelque chose. Or Cadet de Vaux en était un, et, à sa louange, je me plais à dire qu'il l'était de cœur. Que si on lui reproche d'avoir été bien avec tous les pouvoirs qui ont tour à tour gouverné la France, si l'on peut trouver un peu trop de zèle dans une lettre où il exprimait toute son indignation sur l'attentat de nivôse à la vie du premier consul rue Saint-Nicaise, hâtons-nous de faire remarquer que le *philanthrope* ne demanda jamais rien pour lui, et que, s'il s'approchait du pouvoir, l'intérêt seul de l'œuvre philanthropique, qui était sa vie même, le guidait. Honneur donc à des intentions dont le but unique était l'intérêt public!

» Cet hommage mérité rendu à la mémoire de Cadet de Vaux me donne pleine liberté de le juger maintenant dans sa conduite à l'égard de l'auteur des *Recherches des moyens d'améliorer la subsistance du soldat.*

» Cadet de Vaux reconnaît avoir su que Proust a travaillé sur les os; mais il s'est dispensé de lire ses recherches craignant, allègue-t-il, que les *idées d'autrui* enchaînent, paralysent sa pensée; il traite des os et de leur gélatine comme si personne avant lui n'en avait parlé, sauf Papin, inventeur d'une machine, d'un appareil qu'il a qualifié, en 1818, de *volcanhydraulique*, et qu'il a toujours considéré comme impropre à l'extraction économique de la gélatine des os. Et si, après avoir réalisé ses idées, il a pris connaissance des *Recherches des moyens d'améliorer la subsistance du soldat*, c'est pour dire que si leur auteur a donné au public des *pastilles*, Cadet lui a donné le vrai *bouillon d'os*, allégation sur laquelle je reviendrai bientôt.

» La brochure publiée par Cadet, en 1803, est écrite facilement et avec bonhomie; loin de se glorifier de la découverte d'un moyen de rendre les os utiles à l'alimentation publique, absolument désintéressé dans la question de l'invention, il aime à en rapporter l'honneur à qui de droit, c'est-à-dire au CHIEN.

» En effet, que fait l'animal pour se nourrir de l'os?

» Il le brise avec ses dents, l'humecte et le divise.

» Quel mérite revient à Cadet dans l'invention du bouillon d'os?

» Il n'est pas autre que d'avoir observé ce fait et de s'être dit ensuite : *brisons, humectons et divisons les os.*

» Cependant, avant d'aller plus loin, Cadet s'est demandé : les os sont-ils nutritifs?

» Et en cela, fidèle à la *méthode* A POSTERIORI *expérimentale*, il a fait une expérience, et l'a faite comparative, et l'expérience a été affirmative; car, ayant fait préparer de la soupe pour ses chiens de basse-cour, il a renversé à côté une corbeille d'os, et les chiens de Cadet ont préféré les os à la soupe, et Cadet a conclu, en 1803, que les os nourrissent les chiens!

» Fort de cette expérience, Cadet s'est dit : *Les os sont nutritifs*. Il revient à Paris avec la conviction que le succès de l'extraction de la gélatine tenait à la division des os, et qu'il ne s'agissait que de *substituer à la dent de l'animal le* PILON.

» Voilà en quels termes Cadet raconte la découverte du *bouillon d'os!* et après avoir reconnu le mérite du chien *qui brise, humecte et divise les os*, il dit qu'il a *tranché le nœud gordien*, et *que l'idée de la pulvérisation des os est celle de l'œuf de Christophe Colomb!!*

» De Changeux et de Proust, pas un mot.

» Dans cet état de choses, Proust a-t-il tort de dire à Cadet :

« Ne vous attribuez pas le mérite de la *pulvérisation des os*. Si, pour

» l'opérer, il a fallu l'esprit de Christophe Colomb, comme vous l'avancez, » c'est à *Changeux* qu'en revient le mérite, ainsi que je l'ai reconnu dans » mon opuscule de 1791? »

» Si Cadet de Vaux ne lut l'écrit de Proust qu'après avoir réalisé sa *découverte*, il ne fut ni juste ni habile en prétendant faire croire au public que Proust n'avait *fait que des* PASTILLES, *tandis qu'il avait fait le* VRAI BOUILLON D'OS.

» Proust, dans son travail, avait satisfait à la science et à l'économie :

» A la *science*, en ramenant, comme nous l'avons vu, toutes les gelées à un degré constant de siccité, seul moyen d'atteindre le but d'expériences comparatives;

» A l'*économie*, en donnant des *pastilles* au soldat, au marin, aux voyageurs explorant des contrées non habitées ou sauvages, et enfin en donnant un bouillon immédiatement aux cuisines, aux hôpitaux et aux hospices.

» Les conclusions de Proust sont trop instructives pour l'histoire, à l'égard des amis de la vérité et des jugements de l'histoire, pour que je n'en reproduise pas les principales. Je cite textuellement.

« M. Cadet n'est en date que le quatrième ou le cinquième qui ait *conçu l'idée d'améliorer la subsistance du soldat* au moyen de la pulvérisation des os.....

» Quant à l'*excellence*, aux innombrables avantages, à la haute préférence que M. Cadet donne aux bouillons d'os sur ceux de viande, ces *jus noirs, salés, âcres, qui échauffent la bouche, qui altèrent et qui sont, sous tous les rapports dialectiques, si inférieurs aux premiers*, on les tiendra avec raison pour de pures exagérations que M. Cadet n'aurait jamais dû se permettre. De pareilles hyperboles et *piperies* peuvent figurer dans le langage du charlatanisme, mais elles ne peuvent que déparer celui des sciences exactes. Le bouillon d'os a, comme aliment, son prix sans doute, mais c'est pour l'indigence seulement, c'est pour le malheureux à qui le premier des biens est de satisfaire sa faim; pour l'homme aisé et même pour l'artisan qui peut mettre une livre de viande dans son pot, le bouillon d'os ne sera jamais au bouillon de viande que ce qu'est un poumon de vache cuit et salé à un bon aloyau bien rôti; et lorsque M. Cadet vient nous dire que rien n'est plus intéressant que l'étonnement de ses convives qui, la soupière enlevée, *voient paraître, en place de la pièce de bœuf qu'ils attendent, un bol contenant quelques onces d'os pulvérisés*, nous pensons que leur étonnement n'est pas moins fondé que le nôtre, quand nous le voyons sérieusement nous entretenir de pareils contes.

» ..... Je prierai en conséquence M. Cadet de vouloir bien continuer de recevoir, au nom des inventeurs de l'*amélioration de la subsistance* du pauvre, les félicitations des sociétés savantes, des généraux, des préfets, des princes d'Allemagne, etc., et même d'y répondre obligeamment, comme par le passé; mais aussi de mettre sur la liasse de cette correspondance : *affaires qui me sont étrangères*, sinon la postérité, qui sait tout mettre à sa place, saura bien aussi redresser les torts. »

§ VII.

» Je mentionne pour Mémoire un travail de D'Arcet le père, qui fut inséré dans la *Décade philosophique*, en 1794.

§ VIII.

» Cadet de Vaux ne répondit pas à Proust; mais en 1818 parut une brochure de 112 pages intitulée : *De la gélatine des os et de son bouillon, dédiée à son A. R. Monseigneur le Duc de Berri.*

» Le nom de Proust, pas plus que celui de Changeux n'y sont cités; et Cadet, saus oublier sa reconnaissance pour le chien, se considère plus que jamais comme l'inventeur du *bouillon d'os*, et il dit :

« C'est en France que le bouillon d'os a pris naissance, il a du éprouver le sort de toutes les découvertes qui y naissent. Que *n'ai-je publié mon Traité de la gélatine comme une traduction de l'anglais!*

» La gélatine est l'aliment par excellence; oui, dit-il. La *gélatine des os* est aux substances alimentaires animales, ce qu'est l'*or* aux autres métaux (1).

» Le *bouillon de viande* n'est point même, à rigoureusement parler, le *bouillon de la santé*, s'il n'est associé à d'autres éléments; il n'est pas, à coup sûr. le *bouillon de la maladie*, puisque souvent il l'*aggrave;* comment, d'après cela, pourrait-il être celui de la *convalescence?* Dès lors nous avons été autorisés (*sic*) à avancer qu'il ne *soutenait pas la comparaison avec celui d'os, qui convient indistinctement à la santé, à l'enfance, à la vieillesse, aux constitutions faibles*, enfin *aux estomacs délicats, comme étant la* GÉLATINE PURE, et *que la digestion assimile sans effort à l'économie animale qui est* TOUTE GÉLATINE. Il n'y a qu'une vieille sevreuse d'enfant qui puisse ne pas partager cette opinion; ainsi que la nourrice à laquelle on paye par mois tant de pots-au-feu qu'elle met ou ne met pas (2). »

» Enfin citons textuellement l'observation que voici :

« Les disettes se distinguent en réelles et factices; or, en tout temps et en tout lieu, il y a disette réelle de viande pour les classes populeuses, et auxquelles nous apportons ce secours nouveau; mais si le *quintal des os représente par la quantité de gélatine qu'il contient* celle que donnent *six cents livres de viande*, et que moitié des os de la viande consommée dans une ville suffise à nourrir ces classes, la disette de la viande n'est plus réelle, elle n'est que factice; *puisque la viande, quand elle est épuisée de son suc, n'est plus rien que du lest;* car c'est cette *gélatine dissoute dans un bouillon de viande ou d'os qui seule constitue l'aliment;* et la substance osseuse, avons-nous dit, donne six fois plus de gélatine que la viande (3). »

» Les citations que je viens de faire, toutes textuelles, pourraient être

(1) Page 20.
(2) Pages 49 et 50.
(3) Pages 92 et 93.

considérées comme des *propositions* scientifiques, tant la manière dont Cadet les a formulées est absolue ! En laissant de côté la question de savoir si la gélatine jouit de la propriété nutritive, sur laquelle je reviendrai (dans la deuxième partie), les propositions relatives à l'excellence du bouillon d'os et à la préférence qu'on doit lui accorder relativement au bouillon de viande sont le contraire de mon opinion. Il en est de même de la supériorité du premier sur le second expliquée par son *homogénéité*, c'est-à-dire sur ce que la gélatine possède les propriétés que j'attribue à une *espèce chimique*, et qui, par la même raison, s'assimile sans effort à l'*économie animale qui est* TOUTE GÉLATINE. Il en est encore de même de cette proposition : *les viandes ne sont nutritives que par leur gélatine, le reste (c'est-à-dire la partie fibreuse et l'albumine cuite) ne font rien à l'alimentation, elles ne sont que du lest.* Si vous ajoutez à cela que Cadet proscrit le *bouilli* et recommande le *rôti*, et qu'il est démontré aujourd'hui, pour tous les chimistes, que le tissu qui donne la gelée n'est pas à l'état de gélatine dans le *rôti*, on aura une idée juste de la science de Cadet de Vaux en chimie organique.

» Voilà ce que j'avais à dire de la brochure de Cadet de 1818, relativement à la partie scientifique.

» Justifions maintenant la manière dont j'ai parlé de l'influence fâcheuse que peut avoir une réunion de personnes dont la plupart sont *étrangères à la connaissance d'éléments scientifiques constituant essentiellement certains sujets dont elles s'occupent* comme ensemble, comme association, comme société, où sont même en majorité les hommes les plus recommandables, les plus sincèrement dévoués au bonheur de l'humanité, parce qu'ils veulent employer tous les moyens dont ils disposent en faveur de leurs semblables ; ces hommes, *véritables philanthropes*, ont toutes mes sympathies : mais quels sont les inconvénients cependant qu'une telle association peut avoir ? les voici.

» Ils viendront d'hommes se disant *philanthropes* et dont les uns le sont en réalité, tandis que les autres affectant de l'être n'obéissent qu'à leur seul intérêt. Eh bien, si ces deux groupes de personnes sont considérés par la société comme des membres actifs auxquels elle accorde l'autorité d'effectuer cestains actes ressortissant de la science, il y aura inconvénient, danger même.

» Afin de faire comprendre ma pensée et de prévenir toute équivoque, je distinguerai trois groupes de personnes, en citant des noms.

» A la tête du premier, je place un duc de La Rochefoucauld-Liancourt et je m'incline devant sa mémoire. Je lui associe un nom plus modeste sans doute, mais qui n'en fut pas moins porté par un homme de bien, M. Deleuze, dont la nièce a épousé un de mes honorables confrères de la Société d'Agriculture, M. Amédée Durand.

» Je mets M. Cadet de Vaux dans le second groupe, comme homme désintéressé, mais incapable de *diriger*, au point de vue de la science, une association philanthropique occupée de l'alimentation publique.

» Ne pouvant citer aucun personnage réel pour le troisième groupe, comprenant l'*ambitieux*, l'*intrigant*, le *charlatan*, l'*intéressé*, je reviens à la comédie des *Deux Gendres*, et je nomme *Dervière*, riche capitaliste. Il s'est fait bienfaisant pour être quelque chose, avons-nous dit avec le poëte (1).

---

(1) Le dialogue suivant entre le beau-père Dupré et son fidèle domestique Comtois, meilleur juge de Dervière que son beau-père, qui cependant a tant à s'en plaindre, fait connaître parfaitement un des philanthropes de notre troisième groupe.

DUPRÉ.

Tu méconnais, Comtois, ses bonnes qualités :
Lui, c'est un philanthrope; il est des comités
De secours, d'indigence; il régit les hospices,
La maison des vieillards, le bureau des nourrices :
Pour les pauvres toujours il compose, il écrit.

COMTOIS.

. . . .

DUPRÉ.

Dans les journaux encore on le vante aujourd'hui.

COMTOIS.

Les articles tout faits sont envoyés par lui.
Il a poussé si loin l'ardeur philanthropique
Qu'il nourrit tous ses gens de soupe économique.

DUPRÉ.

. . . .

COMTOIS.

Pour les temps de disette
Il vient d'imaginer un projet de diette.
Le régime est léger : pourtant, si je le crois,
En jeûnant de la sorte on peut vivre six mois.

DUPRÉ.

L'idée est singulière et l'invention neuve.

COMTOIS.

Eh bien, c'est moi qu'il prend pour en faire l'épreuve.

DUPRÉ.

Se peut-il?

COMTOIS.

Oui, monsieur, le charitable humain
Pour être bienfaisant me fait mourir de faim.
Ah! la philanthropie est souvent bien barbare!

» Un *philanthrope* à la fin du XVIIIe siècle et au commencement de celui-ci était quelque chose, ai-je dit; la preuve en est dans la brochure de Cadet de Vaux de 1818.

» Il s'est dit l'inventeur du bouillon d'os. Personne ne l'a contredit. On l'a cru sur parole. Et c'est bien comme *philanthrope* qu'il a entretenu *Sa Sainteté*, et qu'il a su d'Elle « qu'à Rome le PAPE avait onze de ces éta-
» blissements (de bouillon d'os); c'est de la bouche du SAINT-PÈRE que j'ai
» recueilli ces détails, et *de sa main* que *j'ai été* BÉNI *à titre d'ami de l'hu-*
» *manité* (1). »

» Les pages de 35 à 44 sont consacrées à un *Rapport sur l'institution du bouillon d'os, par le maire du premier arrondissement, présenté au Roi* (Louis XVIII) *par délibération du bureau de charité.* (Extrait du *Moniteur*.)

» Lorsqu'on présenta ce Rapport au roi Louis XVIII, Cadet de Vaux était présent, et le Rapport dit :

« ... Et M. Cadet de Vaux a obtenu la plus douce récompense que puisse désirer un *ami de l'humanité* dans les témoignages de bienveillance dont le Roi, S. A. R. Madame, et les Princes ont daigné l'honorer. Sa Majesté, en recevant le Rapport, a dit à M. Cadet de Vaux avec cette bonté qui ajoute tant de prix aux paroles du Roi : *Je jouis du succès de cette institution, et c'est à vous, monsieur, que l'humanité en sera redevable.* Ainsi le temps est revenu où les sciences utiles et les vues de bien public rendent facile l'accès du trône (2). »

» Ai-je eu tort de dire qu'un *philanthrope* était quelque chose? En voilà une preuve. Cadet de Vaux n'a pas fait une expérience qui n'eût été faite auparavant par Changeux et Proust; il est *béni* par le PAPE; Louis XVIII le remercie comme un *bienfaiteur de l'humanité;* et le nom du véritable inventeur du bouillon d'os, *Proust,* Membre de l'Académie des Sciences de l'Institut de France, n'est pas prononcé! et dans un Rapport officiel inséré au *Moniteur* on dit : *Ainsi le temps est revenu où les sciences utiles et les vues de bien public rendent facile l'accès du trône!*

» Certes si Cadet de Vaux a eu un mérite, c'est de n'avoir pas tiré parti de la position où la philanthropie l'avait élevé pour fonder une dynastie bourgeoise.

» Il ne me reste plus pour terminer la première partie de ce résumé historique qu'à parler des travaux de D'Arcet.

» Je ne prétends pas assurer qu'il partageât les opinions énoncées avec une conviction aussi parfaite que naïve par Cadet de Vaux; qu'il crût avec lui à la nécessité pour la santé publique de proscrire à toujours l'usage du

(1) Page 24 de la brochure.
(2) Pages 42 et 43 de la brochure.

bouillon de viande afin d'assurer l'usage du bouillon d'os, et qu'il considérât la gélatine de la viande comme le seul principe nutritif qu'elle contînt, la fibrine et l'albumine ne donnant que du lest au tube intestinal; mais il est certain que les faits suivants montrent qu'un accord parfait existait entre D'Arcet et Cadet de Vaux.

» D'abord, Cadet de Vaux dit :

« M'abandonnant aux sentiments d'estime et d'attachement que m'inspire la personne de M. D'Arcet, mais surtout à celui de ma propre conviction, j'ai dû faire les honneurs de cette gélatine, préalablement extraite de la substance osseuse (par l'acide chlorhydrique); aussi me suis-je réuni à ce savant, du moment où il m'eut mis dans sa confidence, pour provoquer la concurrence de cette gélatine avec le bouillon d'os, et je me suis associé à ses expériences avec le désir de leur succès (1). »

» Passons ensuite à D'Arcet. Dans un Mémoire inséré au Recueil dont M. de Moléon était l'éditeur (2), Cadet est uniquement cité pour des observations et des expériences qui appartiennent évidemment à Proust; et cependant D'Arcet cite le *nom de l'auteur des Recherches sur les moyens d'améliorer la subsistance du soldat!* Par exemple, lorsque Proust, insistant sur la quantité de gélatine enlevée par le pot-au-feu aux os cassés en gros morceaux et celle que ces mêmes os réduits en poudre cèdent à l'eau bouillante, évidemment la fraction de $\frac{1}{32}$ a été prise à Proust. Mais, ce qu'on n'a pas dit, ce résultat ne concerne que l'os de la jambe privé de ses extrémités, et diffère du résultat obtenu d'os différents soumis à la même épreuve.

» D'Arcet se contente de donner la quantité moyenne de gélatine, de graisse et de matière inorganique des os :

Gélatine	30
Graisse	10
Matière inorganique	60

résultat bien différent des résultats précis de divers os obtenus par Proust.

» Le fait principal des travaux de D'Arcet sur la gélatine est de l'avoir séparée des os au moyen de la vapeur d'eau produite sous une pression un peu plus forte que celle de l'atmosphère, parce qu'à une température plus élevée elle est disposée à se réduire en ammoniaque, dit-il.

» D'Arcet reconnaît que l'idée de son appareil est analogue à celle d'un

(1) Brochure de Cadet de 1818, page 89.
(2) Page 5.

appareil employé en pharmacie et mentionné dans l'édition du *Traité de Pharmacie* de Baumé de 1790.

» Indubitablement, l'extraction de la gélatine opérée à la vapeur avec un seul foyer agissant sur des os non pulvérisés est plus économique que l'ancien procédé.

» Enfin D'Arcet, a conseillé de préparer la gélatine pour l'office, et la colle forte pour les arts, en cuisant le parenchyme des os préalablement passés à l'acide chlorhydrique. Certes, je suis loin d'élever la moindre discussion à ce sujet; mais n'eût-il pas été convenable de rappeler que la séparation de la matière terreuse des os par les acides appartient à Hérissant? Seulement, il employait l'acide azotique étendu de quatre parties d'eau, tandis que D'Arcet, avec raison, a substitué à cet acide le chlorhydrique.

» Voilà, je crois, un résumé fidèle des travaux dont la gélatine a été l'objet. Ces faits sont coordonnés selon l'ordre chronologique, et j'espère qu'on ne me reprochera pas d'avoir fait pencher la balance du côté où j'ai vu la justice.

» Il me restera à dire dans la seconde partie les faits relatifs aux travaux des deux Commissions de gélatine, et c'est dans cette partie que je répondrai d'une manière *catégorique* à M. Fremy. »

CETTE PREMIÈRE PARTIE FUT LUE LE 19 DE DÉCEMBRE 1870.

DEUXIÈME PARTIE,

LUE LE 26 DE DÉCEMBRE 1870.

« Je résume de la manière la plus précise les faits principaux de l'histoire des travaux les plus remarquables auxquels la gélatine a donné lieu, faits exposés dans la première partie de cet écrit.

» De 1680 à 1682, *Denis Papin* montre la possibilité d'extraire la gélatine des os, en les soumettant à l'action de l'eau liquide portée à une température supérieure à celle de l'eau bouillant sous la simple pression de l'atmosphère.

» De 1730 à 1732, *Claude-Joseph Geoffroy* s'occupe de déterminer la proportion de matière soluble que les viandes diverses cèdent à l'eau bouillante.

» En 1758, *Hérissant* sépare la partie calcaire des os au moyen des acides, et en 1766, appliquant ce procédé aux coquilles, aux madrépores et aux coraux, il en met la partie organisée à découvert.

» En 1775, *Changeux*, en partant d'une proposition, à son sens, assez générale pour mériter le titre de *loi de la nature*, publie des résultats inexacts tenant surtout à ce qu'il ne distingue pas la *division physique* de la matière de sa division opérée par l'*affinité chimique;* quoi qu'il en soit, conformément à sa loi, il prouva, en exagérant un peu le fait pourtant, que le verre *réduit en poudre* est dissous à l'instar du sel, par l'eau bouillante; de plus, qu'on peut extraire des *os également réduits en poudre* par ce même liquide bouillant sous la simple pression de l'atmosphère une gélatine *savoureuse* et *restaurante* sans recourir au digesteur de Papin, et il n'oublia pas de recommander des aromates pour compléter les bonnes qualités qu'il reconnaissait au bouillon d'os.

» En 1791, *Proust* publia son opuscule remarquable sur les *moyens d'améliorer la subsistance du soldat*, essentiellement scientifique sans cesser d'être une œuvre d'application positive qui n'a été surpassée par aucun travail postérieur. Véritable inventeur du bouillon d'os, il en a été le juste appréciateur; et après tant d'exagérations insensées, sachons-lui gré d'avoir reconnu d'une manière si précise pour tous ses lecteurs éclairés et indépendants, son infériorité à l'égard du bouillon de viande.

» On voit, d'après les faits exposés dans la première partie, qu'après Proust, deux personnes se sont livrées avec ardeur à la propagation du bouillon d'os, Cadet de Vaux et D'Arcet.

» Que le premier n'a pas seulement voulu le *triomphe du bouillon d'os*, mais encore l'*exclusion du bouillon de viande* qui, dit-il, n'est bon ni pour l'homme sain, ni pour le malade, ni pour le convalescent, et qui, taxant le *pot-au-feu* de *vieux préjugé*, ne veut que du *bœuf rôti*, affaire de goût que je ne discute pas.

» Mais je dois faire remarquer que, si la gélatine est le produit de l'action de l'eau bouillante sur un tissu *cellulaire, tendineux, gélatineux*, vous, Monsieur Cadet, le prétendant à l'invention du bouillon d'os, vous, le proscripteur du *pot-au-feu* à l'avantage du *rôti*, vous ne donnez pas la raison de cette supériorité de la viande cuite hors de l'eau et au sein de l'air; car, s'il est vrai, d'après votre affirmation, que la *viande n'est nutritive qu'à raison de sa gélatine*, pour accepter votre conclusion, il aurait fallu me prouver, par l'*expérience*, que dans un *rôti* il y a plus de gélatine que dans un *bouilli* et le *bouillon* qui en provient; et, avant tout, il aurait fallu expliquer aux dépens de quoi se fait cette augmentation de gélatine : car, en y réfléchissant, sans connaître vos raisons, je me dis : Mais la substance qui produit la gelée dans la viande mise au pot, au lieu de recevoir de l'action de l'eau bouillante la propriété gélatineuse, est exposée, quand on la *rôtit* à la chaleur sèche, à céder à l'atmosphère une partie de l'eau qu'elle contient, et dès lors elle me semble être à cet état où, plus solide qu'avant la cuisson, elle doit jouer dans la digestion le rôle de *lest* plutôt que celui d'aliment, et je parle, bien entendu, suivant vos idées.

» Après de telles allégations, et la réclamation de priorité si juste de la part de Proust quant au fond et si spirituelle quant à la forme, comment s'expliquer qu'un homme de la valeur scientifique de Cadet de Vaux, se prétendant l'inventeur du bouillon d'os, serait cru sur parole, et, à ce titre, recevrait la bénédiction d'un pape et les félicitations officielles d'un roi de France? Ces faits seraient inexplicables si l'on ne prenait pas en considération l'influence des sociétés dites *philanthropiques;* Cadet appartenait à la plupart, et en était un des membres les plus actifs et des plus persuasifs par sa bonhomie et une conversation aimable à laquelle le paradoxe ne nuisait pas auprès des gens du meilleur monde. Proust vivait loin de Paris, et, depuis sa réclamation de 1804, je m'estime heureux de la circonstance qui me donne l'occasion de la reproduire le premier dans cette enceinte.

» D'Arcet, sans entrer dans la question, sans se prononcer sur le bouillon de viande, s'est principalement occupé de la préparation économique du bouillon d'os, et il a préféré, aux procédés pratiqués avant lui, l'action de la vapeur d'eau produite sous une pression un peu plus forte que celle de l'atmosphère sur les os entiers.

» Voilà bien où l'on en était de la question de la gélatine, lorsqu'une Commission fut nommée dans l'Académie des Sciences pour s'en occuper.

» Cette Commission se composait à l'origine de MM. Magendie, Serres, Dupuytren, D'Arcet, Chevreul, Flourens et Serullas.

» Le premier travail dont elle s'occupa fut l'examen du *bouillon de la Compagnie hollandaise*, fondée par MM. Bouwens et van Copenaal, domiciliés à Paris, examen dont on voulut bien me confier la partie chimique; et je répète, mon étonnement fut grand de voir dans la Commission l'insistance de Dupuytren, et au dehors celle de Thenard, pour que j'acceptasse le rôle de Rapporteur.

» D'Arcet donna sa démission de membre de la Commission le 23 de septembre 1831, comme il le dit dans une Lettre adressée à Julia de Fontenelle dont j'ai en ce moment une copie certifiée par D'Arcet même.

» Le Rapport, adopté à l'unanimité des membres de la Commission, fut lu à l'Académie le 19 de mars 1832, cinq mois après la démission de D'Arcet.

» Je reproduis les deux dernières conclusions du Rapport.

» Que les soins apportés à la confection du bouillon, soit pour le choix de la viande, soit pour la conduite des opérations nécessaires à la cuisson, soit enfin pour le distribuer aux consommateurs, doivent en recommander l'usage *auprès des hospices et des personnes qui ne sont pas en position de faire chez elles cette préparation;*

» Qu'il est *à désirer que non-seulement l'usage de ce bouillon se propage, mais encore celui de la viande qui a servi à le préparer;* car *cette viande cuite*, considérée en elle-même et relativement au prix auquel la vend la Compagnie hollandaise, *est un bon aliment.* »

» De telles conclusions, présentées à l'Académie par Dupuytren, Serres, Magendie, et Serullas pharmacien en chef au Val-de-Grâce, concernant l'alimentation publique en général et celle des hôpitaux et des hospices en particulier, ne pouvaient être rejetées par elle; aussi aucune objection ne s'éleva. Loin de là, l'impression du Rapport fut votée, et alors qu'il n'y avait pas de Compte rendu, c'était une exception honorable pour le

Rapporteur qui n'avait nullement sollicité la mission qu'on lui avait donnée.

» Mais, évidemment, ce Rapport et ses conclusions ne pouvaient avoir été adoptés par l'Académie sans contrarier beaucoup les partisans si exclusifs du *bouillon d'os*.

» D'Arcet les avait bien prévues, et dès lors il s'était demandé, plusieurs mois avant sa démission, comment il parviendrait, sinon à les faire oublier, du moins à les atténuer. Et voici ce qu'il imagina.

» Il y avait à Paris une Société des Sciences physiques, chimiques et arts agricoles et industriels de France, dont le *Secrétaire perpétuel* était un M. Julia de Fontenelle. M. D'Arcet lui donne par *écrit* un rendez-vous pour la rédaction d'un *plan d'expérimentation*. Ce sont les expressions que je copie, dans une Lettre à la date du 9 de septembre 1834, que m'écrit M. Julia de Fontenelle. Ce plan est soumis à la Commission, assure M. D'Arcet à M. Julia de Fontenelle, et approuvé par elle. Cela dut se passer plus de cinq mois avant la lecture du premier Rapport sur la gélatine. Et M. Julia de Fontenelle travaille toujours. Enfin, deux ans à peu près s'étaient écoulés depuis cette lecture, et M. Julia désira la réalisation *du remboursement des frais de ses expériences, promis par la Commission, dit-il, selon l'engagement dont M. D'Arcet lui avait donné l'assurance*. M. Julia, près de partir pour l'Allemagne, vient lire un résumé de ses expériences à l'Académie, d'après le conseil de M. D'Arcet.

» Après la lecture, je demande la parole pour déclarer que *la Commission n'avait donné à personne la mission de faire des expériences d'après un programme approuvé par elle*.

» C'est alors que M. Julia de Fontenelle m'écrivit une Lettre datée du 9 de septembre 1834, dans laquelle il me parle de sa bonne foi et de sa loyauté; je copie les passages suivants :

« Paris, le 9 septembre 1834.

» Monsieur et honorable maître,

» Dans la dernière séance de l'Académie, je lui avais adressé une Lettre en réponse à votre observation précédente. Cette Lettre était accompagnée :

» 1° De deux autres Lettres de M. D'Arcet me donnant rendez-vous pour la rédaction du plan d'expérimentation;

» 2° De ce plan soumis à la Commission, et qu'il me dit être approuvé par elle;

» 3° De quatre Lettres de moi adressées à cette même Commission, dans lesquelles je parlais de la mission qu'elle m'avait donnée en termes si clairs qu'il ne pouvait y avoir aucun doute pour elle que je fusse persuadé que cela était ainsi. Après trois ans de silence, j'ai dû considérer cette circonstance comme une vérité d'autant plus forte que M. D'Arcet m'avait assuré que la *Commission demanderait des fonds à l'Académie pour me rembourser des frais de mes expériences....* L'affaire en était là quand M. D'Arcet, apprenant mon départ pour l'Allemagne, m'engagea à rédiger un résumé de mes expériences, afin de les présenter à l'Académie; je rédigeai à la hâte quelques faits, qui ne sont que la moindre partie de mon travail; je les lus à l'Académie.

» Ma surprise fut grande quand vous fites l'observation que je n'avais pas eu mission de la Commission; le lendemain, je fus trouver M. D'Arcet, qui me confirma plus que jamais dans cette *opinion, et qui me donna sa parole d'honneur* qu'il allait écrire à l'Académie pour attester la vérité de ce que j'avais avancé. Hier encore, il m'a écrit un *billet* qui le confirme et que j'ai montré à MM. Gay-Lussac, Magendie et Flourens; cependant ma Lettre à l'Académie n'a pas été lue : je suis donc le bouc émissaire....

» ... Voici la copie de la Lettre que j'écris ce matin à M. D'Arcet :

« Monsieur,

» Rien de ce que vous m'aviez solennellement promis hier ne s'est réalisé. Ma Lettre n'a » pas été lue à l'Institut, et, dans la vôtre, vous n'avez pas dit un seul mot de moi pour me » justifier. Que dois-je penser? M. Chevreul a-t-il raison?... Tout ce que je sais, tout ce » que je n'oublierai jamais, c'est que vous deviez me tendre une main protectrice, et qu'au » lieu de cela, pour prix de mon dévouement, vous avez laissé mon nom exposé au pilori » du mensonge où M. Chevreul l'a placé.

» J'ai l'honneur, etc. »

» M. Julia finit ainsi la Lettre qu'il m'a adressée :

« ... Si je ne tenais pas à votre estime, Monsieur, je n'entrerais pas dans une Lettre justificative; mais il importe à mon honneur compromis de démontrer ma bonne foi et ma loyauté. J'ai conservé toutes les pièces qui en sont une preuve évidente, et je les mets à votre disposition.... »

« Voici la copie du billet adressé à M. Julia de Fontenelle, par M. D'Arcet, à la date du 8 de septembre 1834. Je le reproduis intégralement.

« Monsieur,

» N'étant pas encore parti, je puis vous répondre sans retard. Vous êtes dans l'erreur relativement à ma conduite : j'ai fait tout ce que j'avais promis; j'ai vu M. Gay-Lussac, je lui ai remis une protestation contre l'assertion de M. Chevreul, faisant croire que ce n'était pas d'accord avec la Commission que le programme des expériences avait été rédigé par nous deux, et j'ai demandé la lecture de ma déclaration, si la rédaction du procès-verbal ou la discussion réengagée l'exigeait.

» Ayant donné ma démission en 1831; vous ayant indiqué M. Magendie comme pouvant me remplacer, n'ayant plus agi, en rien, comme membre de la Commission, ce n'était pas à moi de défendre les faits postérieurs, je vous avais prévenu que j'agirais comme je l'ai fait et que je ne parlerais pas de vous dans ma Lettre à l'Académie, et vous devez vous souvenir que c'est pour cela qu'il a été convenu que je rétablirais les faits antérieurs au 23 septembre 1831, dans une Lettre que je remettrais moi-même à M. Gay-Lussac. On m'a assuré que le procès-verbal avait été rectifié et qu'il n'avait pas été besoin de lire ma seconde Lettre réfutant l'assertion de M. Chevreul; si le contraire était vrai, j'en serais bien fâché et j'en souffrirais plus que vous, mais j'aime à croire que M. Gay-Lussac, qui a lu ma Lettre en ma présence, l'aurait lue à l'Académie s'il avait cru qu'il fût nécessaire de la communiquer pour nous justifier tous deux, surtout moi, qui n'ai pas, autant que vous, des pièces authentiques pour me défendre; j'espère que les choses se sont mieux passées que vous paraissez le croire. Si je me trompe, je donnerai copie de ma Lettre à la Commission pour la bien éclairer à ce sujet,

» Agréez, je vous prie, Monsieur, mes salutations bien empressées.

» *Signé* D'ARCET.

» *Pour copie conforme :*

» JULIA DE FONTENELLE.

» Ce 8 septembre 1834. »

» Après ma protestation si nette provoquée par la lecture de Julia *qu'il n'avait pas mission de la Commission de la gélatine de faire des expériences,* D'Arcet devait déclarer *à l'Académie que j'étais dans l'erreur, qu'avant d'avoir donné sa démission, un plan d'expérimentation rédigé par MM. D'Arcet et Julia avait été soumis à la Commission et adopté par elle et que des fonds de l'Académie payeraient les frais des expériences.*

» Si dans la séance qui suivit ma *protestation*, on l'eût reconnue *inexacte*, ma réponse eût été bien simple : Vous, Commission, aurais-je dit, m'avez chargé d'un Rapport; approuvé par vous, il l'a été ensuite par l'Académie et un an auparavant, à mon insu, vous aviez approuvé un plan d'expériences rédigé par un membre de la Commission, *juge et partie*, et une personne étrangère à l'Académie qui devait être défrayée de ses dépenses; ce procédé est inconcevable et j'ai raison de m'en plaindre publiquement.

» Au dire de D'Arcet, on aurait rectifié le procès-verbal, relativement à ma protestation; franchement, cela m'est indifférent, je n'ai fait aucune démarche pour m'en assurer, c'est une affaire *de bureau*, du moins c'est D'Arcet qui l'écrit à Julia de Fontenelle.

» Après cet incident un honnête homme n'avait qu'un parti à prendre : c'était sa démission. Elle fut donnée et acceptée. D'Arcet alors rentra dans la Commission, et deux Membres nouveaux, Thenard et M. Dumas, y furent appelés.

» Que s'y passa-t-il? Voici ce que j'ai entendu dire. Si je me trompe,

M. Dumas, le seul Membre vivant de la seconde Commission, voudra bien me rectifier.

» Un des sujets dont la Commission eut à s'occuper avant tout fut l'examen de demandes relatives à des frais d'expériences accomplies avec l'intention des auteurs de savoir si *la gélatine est ou n'est pas nutritive*. D'Arcet voulut expliquer ces incidents, et Thenard pria la Commission de ne pas s'en occuper parce qu'il les jugeait étrangers à la science, et l'une des demandes était faite par Julia de Fontenelle.

» Cette décision me semble assez conforme à ma *protestation*. Mes auditeurs et mes lecteurs prononceront.

» Mais poursuivons.

» Dans la Lettre de D'Arcet écrite à Julia de Fontenelle, on lit cette phrase « Ayant donné ma démission en 1831, vous ayant indiqué M. Ma-» gendie comme pouvant me remplacer, etc. ». A cette époque, Magendie et D'Arcet s'entendaient donc très-bien; et pourquoi? Ici, je répète ce qui m'a été dit, c'est que Magendie désirait me remplacer comme rapporteur, et alors D'Arcet présumait qu'il s'entendrait mieux avec lui qu'avec moi, quoiqu'il eût *signé le Rapport sur le bouillon de la Compagnie hollandaise*. Si ce que je viens de dire est vrai, D'Arcet n'eut point à se féliciter du changement de l'ancien rapporteur.

» Quel usage ai-je fait des Lettres de Julia de Fontenelle, et du billet que D'Arcet lui écrivit pour *me donner un démenti*, billet certifié par sa signature? aucun.

» Quelle était l'opinion de M. Dumas, le seul survivant de la deuxième Commission; je crois qu'il pensait que *Julia de Fontenelle avait conclu de quelques paroles de D'Arcet et à* TORT, *qu'il y eut une entente entre eux*, et que dès lors *D'Arcet était tout à fait étranger aux prétentions de Julia*. M. Dumas et M. Élie de Beaumont en seraient convaincus encore si M. Fremy, sur la demande que je lui adressais, à savoir s'il faisait allusion, dans l'effusion de ses sentiments pour D'Arcet, à un incident concernant ma personne, sur sa réponse, qu'il n'avait à dire ni *oui*, ni *non*, il ne m'avait pas mis dans la nécessité de montrer des Lettres qui, depuis 1834, étaient restées dans mes papiers. Tel est le *commencement de ma réponse catégorique à M. Fremy*, puisqu'il est la cause unique qui m'a fait rompre une résolution accomplie depuis 1834 jusqu'à ce jour, c'est-à-dire un silence qui a été gardé pendant trente-six ans.

» Mais, en suivant l'ordre chronologique des faits scientifiques qui intéressent l'histoire de la gélatine, je vais en exposer quelques-uns qui me concernent. Il ne faut pas oublier que je devais faire le second Rapport sur la gélatine, et que, pendant les deux ans qui s'écoulèrent depuis le premier Rapport jusqu'à ma démission, je travaillais au second, et je dirai qu'un certain nombre de ces travaux sont restés inédits, et que quelques-uns seulement ont été publiés; mais, franchement, si je fusse venu dire à l'Académie : La Commission de la gélatine a accepté ma démission, j'avais travaillé pour la mission dont elle m'avait chargé, et, après deux ans, quoiqu'elle sût bien que ma protestation relative à Julia était fondée, elle m'a laissé partir, eh bien! je viens protester contre sa conduite à mon égard en publiant des travaux entrepris pour la question qui l'occupe, j'aurais eu raison peut-être; mais, connaissant le monde, j'ai évité le ridicule d'une réclamation. Qu'ai-je fait alors? J'ai rattaché un de ces travaux à mon *sixième Mémoire de mes recherches chimiques sur la teinture, la décoloration du bleu de Prusse par la lumière et sa recoloration à l'ombre sous l'influence de l'air*. Et Dieu sait si mon idée fut heureuse de rattacher *à la décoloration d'une étoffe teinte en bleu de Prusse et à sa recoloration un travail entrepris originairement pour un Rapport concernant l'alimentation!* La vérité est qu'elle ne le fut guère pour moi, au jugement du rédacteur du feuilleton du *Courrier français* chargé du compte rendu des séances de l'Académie des Sciences. Si un pauvre académicien a reçu jamais une forte correction de la presse, c'est le malheureux auteur qui vous parle. Vous allez en juger par le passage suivant :

« Malheureusement cette découverte, aussi intéressante pour la théorie que précieuse pour l'art, paraît avoir vivement transporté l'imagination de M. Chevreul, au point même de *l'égarer bien loin de toute voie philosophique*. En ajoutant à son travail expérimental une très-longue dissertation sur la physiologie chimique, ce savant (ce n'est pas moi qui parle, c'est M. X... du *Courrier français*) a *tâché d'établir le plus étrange rapprochement entre les nuances changeantes du bleu de Prusse et les phénomènes vitaux. La réduction au blanc d'une soierie-Raymond serait donc l'analogue de la mort chez les animaux*. Cette *comparaison entre la vie et la teinture est une des choses les plus surprenantes que nous avons jamais entendues*. Nous savons bien que M. Chevreul a pris toutes précautions, et qu'à la fin de son Mémoire, revenant sur ses pas, il a déclaré hautement que *le mystère de la vie ne peut s'expliquer que par une harmonie préétablie*, c'est-à-dire *par une force particulière, inaccessible à l'expérience du poids et de la mesure*. Mais cette amende honorable nous a paru beaucoup trop tardive pour effacer le *caractère de mysticisme des vues de l'auteur dont il faut réellement chercher l'analogue dans la métaphysique indienne* ou dans les *mythes arabes*. En somme, l'*excursion de M. Chevreul dans le domaine physiologique ne nous a point semblé heureuse*, et nous voudrions *pouvoir confiner*. . . . . »

» M. X.. , bien anonyme sans doute, est mort, je le sais; mais comment se nommait-il? Des personnes m'ont répondu : Coquerel; mais je m'empresse de déclarer qu'il n'était point ministre du saint Évangile, et dès lors que l'*anathème* dont il m'a frappé, ou l'*interdiction du domaine physiologique* qu'il a prononcée contre moi, étant sorti d'une bouche laïque, ne m'a pas trop vivement affecté. Mais vous voyez cependant les nouvelles tribulations d'un pauvre académicien qui, après avoir fait un premier Rapport et n'avoir rien négligé pour en préparer un second, suite du premier, a été dans la nécessité de quitter la Commission devant D'Arcet et Magendie.

» Une fois *à pied*, comme on dit communément, ne voulant pas perdre des recherches suivies laborieusement pendant six années, et sentant le ridicule de plaintes élevées sur un congé qu'il s'était lui-même donné, il *eut une idée* (1), celle de rattacher son ancien travail, l'écrit de 1837, à ses recherches sur la teinture, et c'est cette malencontreuse idée qui, au dire de M. X..., l'a *égaré de toute voie philosophique* et qui, en définitive, lui a fait interdire le *domaine physiologique*.

» Si je reparle de l'écrit de 1837, c'est comme pièce essentielle à l'histoire des travaux dont la gélatine a été l'objet, et si j'entre dans des détails qui ont deux inconvénients, je le reconnais, la longueur d'abord, et ma personnalité ensuite, je demande l'indulgence de mes confrères en faveur d'une défense qui veut être sérieuse et convenable, relativement à la liberté et au lieu où elle se produit.

» A mon début en chimie, la question du *matérialisme* et du *spiritualisme* qui m'avait occupé déjà au point de vue abstrait, se présenta à mon esprit d'une manière spéciale, eu égard à la diversité des propriétés qu'affecte la matière dans les minéraux, et dans la nature vivante végétale et animale.

» Les *matérialistes,* frappés des effets de l'électricité voltaïque surtout, étaient conduits à n'admettre dans la nature vivante que les forces qui régissent la matière brute, telle que l'attraction moléculaire, comprenant la cohésion et l'affinité, la chaleur, la lumière, l'électricité et le magnétisme.

» Les *spiritualistes,* trop étrangers à l'étude de la matière, c'est-à-dire aux sciences du concret, repoussaient l'argument qui leur était opposé par les matérialistes.

» Dans quelle disposition d'esprit me trouvai-je alors?

» Elle était fort naturelle d'après l'étude que j'avais faite des doctrines

(1) Je dirai plus tard comment cette expression m'a été appliquée dans un grand monde.

philosophiques du XVIIIe siècle, au point de vue de la liberté, de la *morale* et de l'*entendement;* en me montrant la faiblesse de l'esprit humain, elle me conduisit à douter fort du mien; conclusion du reste en parfait accord avec mon éloignement de plusieurs choses que bien des hommes recherchent avec ardeur.

» Dans cette disposition d'esprit, il est naturel qu'en me livrant exclusivement à la science pour connaître la vérité, je devais avoir un goût prononcé pour la méthode et y attacher une importance d'autant plus grande, que l'étude et la réflexion m'avaient éclairé davantage, je le répète, sur la faiblesse de mon esprit. La conscience de cette faiblesse, en me faisant sentir la nécessité de me rendre un compte aussi fidèle que possible, de la manière dont il procédait pour arriver, sinon à l'*absolu*, du moins à une grande probabilité, me conduisit à définir la *méthode à posteriori expérimentale*, telle que je l'ai fait avec précision en tirant son caractère essentiel du contrôle expérimental, ou d'un raisonnement rigoureux, quand l'expérience n'est pas possible.

» Est-ce être présomptueux de croire que les personnes qui l'étudieront dans les écrits que j'ai consacrés à sa définition et à sa généralité ne la jugeront pas être une émanation de la *métaphysique indienne?* Je l'espère.

» Quelle est la première conséquence de cette méthode?

» C'est de se livrer à la recherche de la *cause immédiate* d'un phénomène, qu'aujourd'hui j'ose dire *quelconque,* tant à mon sens la méthode a de généralité.

» C'est lorsque l'induction suscitée par l'observation vous a conduit à cette *cause immédiate*, que vous la soumettez au contrôle de l'expérience, ou d'un raisonnement précis et rigoureux qui en tient lieu si l'expérience n'est pas possible, afin de savoir si la cause immédiate à laquelle vous avez attribué le phénomène observé est démontrée exacte.

» On conçoit comment, en procédant ainsi sans s'égarer, les connaissances s'élèvent en même temps que les causes prochaines se découvrent et se multiplient, de sorte que les phénomènes étant supposés sur un plan horizontal, les causes immédiates étant représentées par des verticales au plan, les progrès des connaissances sont indiqués par des degrés pris sur ces lignes; les *progrès sont donc ascendants.*

» Dans les figures graphiques de la *méthode à priori*, la *cause première* est à l'extrémité supérieure de la verticale et les *causes secondes* au-dessous.

» Si une telle figure a une signification exacte, ce n'est que pour l'enseignement d'un sujet parfaitement élucidé, qui a été réduit en corps de doctrine comparable à un sujet mathématique dont toutes les propositions coordonnées ont été subordonnées en partant de la plus générale, et descendant ensuite à celles qui en découlent, et en observant d'aller toujours du général à ce qui l'est le moins.

» Mais quand il s'agit de représenter la marche de l'esprit dans des recherches du ressort du concret, il n'y a que la *méthode* A POSTERIORI *expérimentale* qui soit vraie. Vouloir, dans le cas dont nous parlons, la remplacer par la méthode *à priori,* serait une pétition de principe qui a été avancée pourtant par un homme justement célèbre, de Blainville (1).

» La *méthode* A POSTERIORI *expérimentale,* dont le caractère essentiel est le contrôle par l'expérience ou par un raisonnement rigoureux qui en tient lieu, m'a conduit aux résultats suivants dans l'étude des phénomènes de la vie envisagée au point de vue chimique.

» C'est de chercher si le phénomène observé a pour cause immédiate les forces qui régissent la matière brute, à savoir : l'attraction moléculaire (comprenant la cohésion et l'affinité), la chaleur, la lumière, l'électricité, le magnétisme et toute autre force à laquelle on rattache des phénomènes du monde minéral, ceux par exemple qu'on rapporte aux *actions* dites *de présence*.

» Ce n'est qu'après s'être assuré de l'impossibilité de rattacher les phénomènes observés à ces forces qui régissent le monde minéral, qu'il faut en chercher du ressort exclusif des êtres vivants.

» Je pense donc comme les matérialistes relativement à l'opportunité de commencer la recherche des causes des phénomènes de la vie par celles qui régissent le monde minéral.

» Et c'est à cette pensée que je dois l'idée d'avoir donné dans l'écrit de 1837 une application des *phénomènes de la décoloration du bleu de Prusse sous l'influence du soleil et de sa recoloration dans l'ombre sous l'influence de l'oxygène*, avec l'intention de faire saisir aux jeunes esprits occupés de l'étude du phénomène de la vie, l'avantage de commencer leurs recherches par voir s'il est possible de rattacher la cause de ces phénomènes aux forces connues de la matière minérale; et voilà comment j'ai eu recours à cette malencontreuse étoffe de soie teinte en bleu-Raymond, et comment mon imagination m'a égaré de toute voie philosophique, et comment M. X. m'a interdit le domaine de la physiologie chimique.

---

(1) *De la baguette divinatoire, du pendule explorateur et des tables tournantes*, par M. E. Chevreul; Mallet-Bachelier, 1854. *Voir* p. 19, 20, 21, 22.

» J'avais démontré qu'une étoffe teinte en bleu de Prusse se décolore sous l'influence de la lumière en perdant du cyanogène, et qu'à l'ombre, sous l'influence de l'oxygène atmosphérique, la couleur bleue reparaît.

» Voilà le *phénomène*.

» Voici l'*application* à une hypothèse conforme au précepte de chercher la cause immédiate des phénomènes de la vie avant tout dans les forces connues de la nature minérale.

» Un être vivant est supposé avoir un liquide respiratoire coloré en bleu de Prusse. Ce liquide vient, dans des organes exposés au soleil, subir l'action de la lumière. Il y a EXHALATION de *cyanogène* et décoloration du liquide.

» Ce phénomène est immédiatement suivi d'une INSPIRATION d'*oxygène* atmosphérique qui est entraîné par la circulation hors de la lumière ; il se forme alors, pour 9 atomes de cyanure blanc, 7 atomes de bleu de Prusse et 1 atome de sesquioxyde de fer, lequel peut ensuite être sécrété par quelque organe.

» Enfin le liquide coloré revient subir de nouveau l'influence de la lumière, etc.

» Voici la *conséquence de l'hypothèse*.

» Un spiritualiste, prévenu contre les lumières des sciences du concret, aurait attribué ce phénomène à la *force* dite *vitale*.

» Tandis que j'aurais dit : La décoloration du liquide sous l'influence de la lumière est due à une séparation de cyanogène, et la recoloration à l'action de l'oxygène dans l'obscurité.

» Mais, au point de vue où je viens de me placer, la réaction matérielle expliquée comme je viens de le faire ne comprend pas, je le reconnais, la cause de l'action émanée de l'organisation même du corps vivant.

» La difficulté d'expliquer en général l'ensemble des phénomènes qui s'accomplissent dans le corps vivant m'a fait insister fortement sur cette hypothèse d'un liquide respiratoire coloré en bleu de Prusse, parce qu'elle montre que l'explication des phénomènes dont la cause immédiate est donnée par l'étude des forces de la matière brute, ne comprend pas des causes d'un ordre plus élevé qui dépendent de la vie même ou de l'organisation de l'être vivant.

» C'est donc ici que, me séparant absolument des matérialistes, je dis aux spiritualistes qui voient un danger à suivre la voie que je préconise comme absolument nécessaire aux progrès des sciences relatives aux êtres vivants, qu'ils sont dans une erreur complète en ayant cette crainte, et que dès lors s'ils exercent, à un titre quelconque, une influence sur l'enseignement, ils ne doivent point empêcher les jeunes esprits de s'y engager, ni taxer de matérialistes les savants qui s'y sont engagés, ni encore ceux qui en sont les promoteurs; et les raisons que j'ai de tenir ce langage, je veux les exposer, et, en le faisant, je répondrai en même temps à mon critique, M. X... du *Courrier français;* car, en parlant d'une amende honorable que j'aurais faite à la fin de mon écrit de 1837, trop tardive à la vérité, il s'est complétement trompé en reproduisant mon opinion en ces termes : « Il a » déclaré (M. Chevreul) hautement que *le mystère de la vie ne peut s'expli-* » *quer que par une harmonie préétablie, c'est-à-dire par une force particulière,* » *inaccessible à l'expérience du poids et de la mesure.* »

» Effectivement je réponds :

» *D'abord,* que ce que j'appelle *mystère* cesse d'en être un dès qu'il est expliqué par la science.

» *Puis,* que *harmonie préétablie* n'est pas une expression prise dans le passage cité pour cause, mais pour l'effet d'une cause suprême.

» *Ensuite,* que dans ce sens je n'ai jamais eu l'idée de considérer une force particulière unique, ainsi que l'on considère la *force* ou le *principe vital* comme une expression scientifique. A mon sens, elle n'a qu'un sens vague et vulgaire pour désigner une force inhérente aux êtres vivants et étrangère au monde minéral.

» C'est, au reste, ce que je vais développer.

» On aurait expliqué tous les phénomènes de la digestion, de la circulation, de la respiration, de l'assimilation, des sécrétions, etc., par les sciences mécanique, physique et chimique, que vraisemblablement nous n'en serions pas beaucoup plus avancés que nous ne le sommes sur la cause première de la vie.

» La nature des forces qui produisent immédiatement les effets variés offerts à l'observation par les êtres vivants n'est pas pour moi le mystère de la vie.

» C'est la cause de la coordination entre elles de toutes les forces qui agissent dans l'être vivant; coordination si harmonieuse que la graine et l'œuf vont se développer en accomplissant une succession de phénomènes remarquables en vertu desquels nous voyons, les circonstances du monde où nous vivons restant les mêmes, les formes des ascendants reproduites dans les descendants d'une manière régulière, et assurer ainsi la conservation, dans l'espace et dans le temps, d'une multitude extrême des formes spécifiques les plus variées.

» Eh bien! ce grand fait de la vie, je ne puis le concevoir, ce qui n'est pas l'expliquer, sans le rattacher à une cause première intelligente! et ce sont ces effets merveilleux successifs, toujours les mêmes, qui, rentrant dans cette *harmonie préétablie*, font de celle-ci une résultante qui, selon moi, ne peut être l'effet d'un hasard aveugle, et cette *harmonie préétablie*, telle que je la reconnais, est en dehors des critiques si justes que Voltaire a faites de l'abus des *causes finales*, lorsque des hommes étrangers à toutes les sciences du concret ont voulu expliquer des phénomènes du ressort de ces sciences avec des causes finales qu'ils subordonnaient à des *méthodes* A PRIORI.

» Je ne puis trop insister sur des raisonnements dont aucun n'est en opposition avec la *méthode* A POSTERIORI *expérimentale*, car celle-ci prescrit comme précepte que l'explication d'un effet rattaché à sa cause immédiate soit démontrée vraie avant d'être acceptée par une science sérieuse. Je ne conçois pas autrement l'intervention de la méthode dans l'étude des phénomènes les plus compliqués de la philosophie naturelle, ceux de la vie. Mais cette rigueur exigée pour admettre des *conclusions* des recherches dont je parle *comme positives* n'est point un motif de prescrire le rejet de conclusions qui, n'étant point encore suffisamment approfondies pour recevoir le cachet de la démonstration, ont une grande probabilité en leur faveur, ou si, simples conjectures, elles ont une grande vraisemblance; mais en reconnaissant la réalité des avantages de la publicité donnée à des propositions émanées d'esprits investigateurs, comme *très-probables* ou *très-vraisemblables*, c'est à la condition expresse qu'elles seront toujours distinguées des propositions qui sont *revêtues du cachet de la démonstration*.

» Cette distinction faite entre la *proposition démontrée*, la *proposition probable* et la *proposition simplement vraisemblable* me permet, sans sortir de la science rigoureuse telle que la définit la *méthode* A POSTERIORI *expérimentale*, de faire quelques raisonnements que j'adresse particulièrement aux *spiritualistes* qui sont disposés à repousser la tendance scientifique de commencer la recherche des phénomènes de la vie par essayer de les rattacher aux forces de la nature minérale; et, dans un sujet aussi sévère et aussi grave que celui dont je parle, on me permettra, pour prévenir des critiques analogues à celles de M. X... du *Courrier français*, de donner plus de précision et de clarté à mes idées, en m'aidant d'une comparaison qui exclura, je l'espère, désormais toute équivoque sur ma pensée.

» Voici un monument! Le génie de l'artiste qui l'éleva brille dans toutes les parties de l'œuvre mutuellement dépendantes les unes des autres : l'harmonie est partout et parfaite, pas une bouche qui ne proclame la gloire de l'artiste!

» Cette admiration ne s'enquiert pas de la nature des pierres de l'édifice; peu importe qu'elles soient calcaires, siliceuses ou magnésiennes; marbre, grès, granite ou porphyre.

» C'est donc la pensée intelligente, le génie de l'artiste, qui a *inventé cette forme* dont la beauté cause l'admiration de tous!

» Eh bien, la recherche des causes immédiates des phénomènes si variés que les êtres vivants présentent à l'observation du savant ne conduit qu'à une connaissance correspondante à la nature des pierres du monument.

» Nous, appréciateur de la lenteur des procédés de ce mode d'interroger la nature vivante, ne voulant pas devancer le temps pour nous exposer plus tard à reculer et plein de foi dans le progrès, nous ne prétendons pas que nos travaux soient la limite de la science; mais, quelque petite que soit la hauteur où nos efforts l'aient élevée, quelque restreinte que soit l'étendue du champ de la nature organique où ils ont été incessants, notre esprit a été entraîné, non malgré lui, non en obéissant à une imagination fougueuse et déréglée, mais en se laissant aller à une contemplation grave et pourtant pleine de charmes, noble et vraie poésie de la science, qui l'a porté, par la loi de la continuité des idées, bien au delà des limites où l'observation rigoureuse de la *méthode* A POSTERIORI *expérimentale* l'avait arrêté. Mais, loin de se soustraire à la sévérité de la méthode, il pensait lui être fidèle encore en contemplant cet ordre auquel chaque être vivant est assujetti; s'il était bien alors l'homme qui admire l'œuvre de l'architecte, en ne contemplant pourtant que la forme d'un ensemble de pierres stables, fixées à la place où le maçon les a posées, combien la réflexion élevait ce sentiment d'admiration lorsqu'elle se reportait sur les fonctions dont il avait pu suivre, par l'observation la plus sévère, l'enchaînement et la succession indispensables aux conditions de la vie!

» Quelle différence entre la beauté de l'œuvre humaine et la merveille de cet être vivant! quelle variété dans les formes qu'il affecte! il peut être fixé au sol, dans l'air et dans les eaux! il peut marcher, ramper, nager, voler dans les airs! ses parties en harmonie entre elles, le sont elles-mêmes avec les conditions du milieu où la vie s'accomplit, et l'observation des organes intérieurs de l'être vivant est aux yeux du philosophe un spectacle incomparable à celui de la vue des plus belles formes de l'art humain. Toutes les formes spécifiques se conservent et se perpétuent; le mouvement est partout dans l'être; la matière s'y renouvelle incessamment, et la vie ne l'anime qu'à cette condition. Ce mouvement intérieur, commençant avec sa vie et ne finissant qu'à sa mort, présente un spectacle sublime auquel rien n'étant comparable dans les œuvres humaines, conduit l'observateur à cette conclusion que l'être vivant, dépassant tout le savoir humain, n'a pu être imaginé et créé que par une PUISSANCE DIVINE !

» Le raisonnement est rigoureux, tandis que le contraire ne l'est pas. Spiritualistes timorés, croyez-moi, ne craignez pas que l'étude sérieuse de la matière vivante conduise jamais au matérialisme!

» Je continuerai, dans une troisième partie, ma *réponse* CATÉGORIQUE à M. Fremy, en partant de l'écrit de 1837 et de son complément de 1870 (1).

» Conformément au *principe* qui devait servir de base à mon second Rapport, principe énoncé dans l'écrit de 1837, après en avoir tiré la conséquence exposée explicitement dans le complément de 1870, j'appliquerai les raisonnements déduits de la raison pourquoi l'aliment de l'homme et des animaux supérieurs doit être complexe, à l'examen de la qualité alimentaire du *cartilage*, du *parenchyme*, de *l'osséine*, relativement à la gélatine.

» Je rappellerai comme conclusion que Proust, l'inventeur du bouillon d'os au double titre de la science et de l'application, en a été le juste appréciateur, relativement au bouillon de viande.

» Et conformément à ces considérations, je parlerai du jugement de M. Fremy, sur le *second Rapport* et de la liberté des discussions académiques.

» Je communiquerai deux Lettres de Félix D'Arcet, qu'il m'a écrites de Rio-Janeiro. Elles seront la meilleure preuve que ma conduite a été irréprochable avec D'Arcet, le père de Félix. Conséquemment, si M. Fremy, auquel je demandais de répondre *oui* ou *non*, à la question de savoir s'il avait fait allusion à un incident particulier de la Commission de la gélatine, qui me concernait, m'avait répondu *non*, jamais je n'aurais produit devant l'Académie les Lettres de Julia de Fontenelle ni le billet de D'Arcet imprimés dans la seconde partie de cet écrit.

---

(1) *Compte rendu* de la séance du 14 de novembre 1870, t. LXXI, p. 635.

Séance du 2 de janvier 1871.

» Monsieur le Président et cher Confrère,

» Je m'étais engagé à présenter, dans la séance de ce jour, la fin du resumé historique des travaux auxquels la gélatine a donné lieu, avec le reste de ma *réponse catégorique à M. Fremy*. Lundi prochain, je remplirai la moitié de mon engagement, mais je garderai le silence sur la seconde.

» M. Fremy m'a écrit une lettre où son ancienne amitié est trop manifeste pour qu'il n'y ait pas empressement de ma part de mettre fin à un débat qui m'était plus pénible qu'à tout autre; ce n'est donc point le lendemain du premier jour de l'an que j'hésiterai à rendre hommage à la fraternité académique, que je n'ai jamais séparée de la liberté qui doit présider à nos discussions.

» Que mes confrères me permettent donc de leur adresser ce souhait : Liberté et fraternité dans nos discussions! et espérance en l'année qui commence!

Séance du 9 de janvier 1871.

Bombardement du Muséum d'Histoire naturelle.

DÉCLARATION.

» Le jardin des plantes médécinales, fondé à Paris par édit du roi Louis XIII, à la date du mois de janvier 1626,

» Devenu le Muséum d'Histoire naturelle par décret de la Convention du 10 de juin 1793,

» Fut bombardé,

» Sous le règne de Guillaume Ier roi de Prusse, comte de Bismark chancelier,

» Par l'armée prussienne, dans la nuit du 8 au 9 de janvier 1871.

» Jusque-là, il avait été respecté de tous les partis et de tous les pouvoirs nationaux et étrangers.

» E. Chevreul, *Directeur*.

» Paris le 9 de janvier 1871. »

TROISIÈME PARTIE.

INTRODUCTION A LA IIIe PARTIE.

« La IIe Partie de l'histoire des travaux auxquels la gélatine a donné lieu se compose de DEUX ORDRES de faits :

» Ier ORDRE. — Ceux qui se sont passés dans les deux Commissions dites *de la gélatine.*

IIme ORDRE. — Ceux qui me sont absolument personnels, mais toujours relatifs à la gélatine, puisqu'il s'agit des recherches auxquelles je me suis livré pendant six années, dans la croyance où j'étais d'écrire le second Rapport.

» En donnant dans la Ire Partie de ce Résumé historique, la raison pourquoi je ne l'ai pas fait, j'ai rappelé l'écrit de 1837 et son complément de 1870.

» J'ai distingué des *considérations générales* et des *considérations particulières* relatives à la matière constituante des êtres vivants, et dans la IIme Partie du Résumé historique, il n'a été question que des CONSIDÉRATIONS GÉNÉRALES relatives au mode de rechercher la cause immédiate des phénomènes physiologiques des êtres vivants. J'ai parlé de l'avantage d'essayer avant tout de ramener les causes immédiates des phénomènes à des forces connues de la nature minérale, à savoir : l'attraction moléculaire, la chaleur, la lumière, l'électricité, le magnétisme.

» J'ai montré que, lors même que le but de telles recherches eût été atteint, vraisemblablement on n'aurait point expliqué le mystère de la vie, c'est-à-dire la manière dont toutes les forces, agissant dans les diverses espèces des êtres vivants, ont été coordonnées pour satisfaire à toutes les conditions d'existence de chacune de ces espèces, cette dernière explication se rattachant à des causes d'un ordre bien plus élevé que l'ordre des causes auxquelles on peut rapporter immédiatement les phénomènes physiologiques.

» Dans cette IIIme Partie je vais résumer les CONSIDÉRATIONS PARTICULIÈRES de l'écrit de 1837 et de son complément de 1870, afin de montrer à quel point de vue je m'étais placé pour étudier la question de la gélatine, avant d'écrire le second Rapport.

§ Ier.

DES PRINCIPES SCIENTIFIQUES D'APRÈS LESQUELS J'ENVISAGE LA GÉLATINE QUANT A SA PROPRIÉTÉ ALIMENTAIRE.

» Dès les deux années qui suivirent la lecture du premier Rapport de la Commission de la gélatine sur le bouillon et le bouilli de la Compagnie hollandaise, en réfléchissant à l'alimentation de l'homme, toujours eu égard à la gélatine, je ne tardai point à apercevoir la nécessité que l'aliment dont il se nourrit fût d'une nature complexe, aperçu parfaitement conforme avec la bonne qualité reconnue au bouillon et au bouilli de la Compagnie hollandaise et, conséquemment, peu favorable au bouillon de gélatine considéré, non, comme Proust l'avait fait, relativement au bouillon de viande, mais considéré d'une manière absolue, comme Cadet de Vaux l'avait envisagé pour le substituer entièrement au bouillon de viande.

» Après cette considération, mon esprit se porta sur la belle harmonie de la nature que Lahire, Bonnet, et surtout Priestley, Ingen-Houtz, Sennebier et Th. de Saussure avaient mise en évidence, à savoir que les végétaux verdoyants, sous l'influence de la lumière solaire, dégageaient du gaz oxygène, lequel se trouvait en rapport avec le gaz acide carbonique qui était absorbé, ou produit dans les feuilles pendant la nuit, et celui qui s'élevait des racines dans ces mêmes organes. Or, l'oxygène était restitué à l'atmosphère, et le carbone restant dans la plante suffisait à expliquer la formation de tous les principes immédiats du végétal qui sont produits avec excès de carbone et d'hydrogène relativement à l'oxygène. Ainsi les végétaux, en se nourrissant d'acide carbonique, d'eau, d'azote oxygéné ou hydrogéné, absorbant en outre des acides et des oxydes binaires, notamment des sulfates, des phosphates, des chlorures et des iodures alcalins, faisaient passer des composés binaires inorganiques, et peut-être du gaz azote, à l'état de principes immédiats organiques.

» En définitive, mon attention se fixait sur cette grande harmonie de l'économie de la nature, reconnue de tous les savants, d'après laquelle les végétaux font passer la matière minérale à l'état de matière organique, en éliminant l'oxygène de l'acide carbonique, et en en retenant le carbone pour constituer des principes immédiats dans lesquels le carbone et l'hydrogène prédominent sur l'oxygène relativement à l'acide carbonique, à l'eau, etc.

» De ces deux considérations, on voyait bien le besoin que l'homme et les animaux supérieurs avaient d'un aliment complexe, mais on n'en voyait pas la cause. Les trois propositions suivantes, simple conséquence de faits incontestables, vont la mettre en évidence.

» 1re *proposition.* — L'homme et les animaux supérieurs ne peuvent vivre de corps simples, ni même exclusivement de composés binaires de la nature organique.

» 2e *proposition.* — Si des actions moléculaires se passent dans le corps de l'homme et des animaux supérieurs qui soient douées d'une énergie incontestable relativement à la chaleur, à la lumière, à l'électricité produites, ainsi que cela a lieu lors de l'union des gaz oxygène et hydrogène, du gaz oxygène avec le carbone, de tels effets ne se manifestent pas dans les êtres vivants lorsqu'il se produit de l'eau et de l'acide carbonique par l'union de l'hydrogène et du carbone des principes immédiats de l'être vivant, quoiqu'en réalité il puisse alors se dégager autant de chaleur et d'électricité qu'il s'en dégage quand l'hydrogène et le carbone s'unissent isolément avec le gaz oxygène. Pourquoi cette différence? C'est que, dans la combustion de l'hydrogène et du carbone des principes immédiats, la quantité des deux combustibles brûlés est très-petite relativement au reste de la masse, et cette masse peut, jusqu'à un certain point, être comparée à une matière inerte interposée dans une poudre inflammable, ou à un gaz inerte qui sépare les molécules gazeuses d'un mélange de 1 volume d'oxygène et de 2 volumes d'hydrogène. Dès lors, le reste de la masse pondérable des principes immédiats se trouve dans une circonstance favorable à obéir à des affinités faibles, surtout quand on considère qu'ils agissent à l'état de corps dissous dans l'eau, ou s'ils sont solides renfermant généralement plus ou moins de ce liquide interposé.

» 3e *proposition.* — De ce que les forces qui régissent les atomes des composés organiques ne peuvent agir que dans des limites très-restreintes, eu égard à l'énergie qu'elles peuvent développer dans le cas où l'exercice de leur activité est tout à fait libre, il s'ensuit que les changements qu'éprouvent les aliments dans les organes des animaux supérieurs ne sont point extrêmes. De là donc la raison de l'analogie de nature chimique entre les aliments et les organes qu'ils doivent nourrir. En second lieu, comme ces organes renferment des principes immédiats de compositions fort différentes, il faut que ces principes aient leurs correspondants dans les aliments.

» Cette proposition explique très-bien comment l'animal carnivore se nourrit de la chair des herbivores sans qu'elle ait subi de changement; et, d'un autre côté, elle explique ce que la Chimie a démontré : c'est que la plante qui nourrit un animal supérieur herbivore renferme des principes immédiats sinon identiques, du moins très-analogues aux siens.

» Et, par la raison que les aliments végétaux, particulièrement les fruits, les feuilles, renferment une proportion moindre de principes immédiats qualifiés de *plastiques*, l'appareil de la digestion des herbivores est plus développé que l'appareil correspondant des carnivores.

» En résumé :

» 1° De ce que le corps des animaux supérieurs est formé d'un grand nombre de principes immédiats acides, alcalins, neutres, binaires, ternaires et quaternaires organiques, sans parler des principes inorganiques essentiels à la vie;

» 2° De ce que les principes immédiats organiques sont, pour la plupart, moins stables que les composés minéraux, par la double raison qu'ils contiennent un plus grand nombre d'atomes, et que le nombre des atomes de carbone et d'hydrogène dépasse de beaucoup celui des atomes d'oxygène;

» 3° De ce que les principes d'origine organique, étant peu stables, sont incompatibles avec des affinités et des forces physiques énergiques, et que dès lors les changements de la matière qui sert d'aliment ne peuvent être extrêmes dans les animaux,

» On en tire deux conséquences suivantes :

» 1re *conséquence*. — L'aliment doit être complexe pour satisfaire à la nécessité du grand nombre de principes immédiats constituant l'animal supérieur, nécessité qui comprend et la formation et l'entretien de ces principes dans le corps de l'animal dont ils sont les parties constituantes avec les principes d'origine minérale.

» 2e *conséquence*. — Les principes immédiats alimentaires doivent être aussi semblables que possible avec ceux qu'il s'agit de remplacer et de perpétuer durant la vie de l'animal.

» Le fait que les carnivores se nourrissent de chair crue, et que l'homme peut s'en nourrir, la possibilité de l'alimentation d'un animal supérieur par des principes immédiats identiques aux leurs, se trouve par là démontrée.

» Quelle conséquence peut-on déduire du fait de la *cuisson* à laquelle on soumet un certain nombre d'aliments de l'homme?

» C'est que l'aliment cuit est d'autant plus propre à la nutrition, qu'il a éprouvé moins de changements dans sa composition chimique.

» Dès lors, on se demande à quoi sert la *cuisson* des aliments.

De la cuisson des aliments.

» La cuisson produit des effets très-différents; commençons par les plus simples, en citant des faits particuliers à l'appui des propositions générales.

» Sans tomber dans l'exagération de l'opinion de Changeux sur l'influence d'une division purement mécanique, il est vrai, en principe, que cette division, en accroissant le nombre des parties de l'aliment qui sont en contact avec les surfaces du tube intestinal, est favorable à l'acte de la digestion; mais ne poussons pas trop loin cette influence, parce que la mastication, dans les animaux pourvus de dents, favorise la sécrétion des sucs salivaires.

» L'eau froide qui est absorbée par des aliments solides et insolubles, en s'introduisant entre leurs parties solides, les humectant et les gonflant presque toujours, produit un effet moléculaire d'affinité dont l'influence est plus grande que ne le serait la division exclusivement mécanique.

» Les tissus animaux azotés de la nature des tendons, les tissus des os de mammifères, et tous ceux qui donnent de la gélatine par l'eau bouillante sont dans ce cas.

» J'ai constaté que le cartilage du *Squalus peregrinus,* poisson appartenant à l'ordre des cartilagineux, qui ne donne pas de gélatine par l'eau bouillante, se gonfle extrêmement dans l'eau froide.

» La fibrine et les tissus qu'on peut regarder comme dérivant immédiatement de l'albumine, à l'état de sécheresse absorbent l'eau froide; mais sous l'influence de la chaleur, ils se durcissent du moins s'ils sont à l'état de pureté.

» L'eau produit des effets analogues sur les légumes.

» L'action de l'eau sur l'amidon est remarquable; elle est nulle à froid et si l'amidon n'a pas été écrasé.

» Mais si la vapeur d'eau le frappe, elle le modifie suffisamment pour le rendre digestible.

» S'il est chauffé dans l'eau liquide, il forme une sorte d'empois.

» Enfin, chauffé de 120 à 130 degrés, il devient soluble dans l'eau froide.

» Dans ce qui précède, la cuisson ne nous a guère présenté comme modification de l'aliment que des changements assez légers, et qui, en général, sont bornés à favoriser la division par une action d'affinité de l'eau; nous disons en général, parce que nous avons vu la fibrine et les tissus d'origine albumineuse devenir moins mous, acquérir même de la dureté. Il faut maintenant envisager la *cuisson* dans les cas où elle agit de manière à modifier plus profondément l'aliment en développant en lui des propriétés qu'il n'avait pas auparavant.

De l'isomérisme.

» Commençons par la coction d'un blanc d'œuf et rappelons que je répète ici ce qui a été présenté à cette Académie le 9 de juillet 1821; il y a donc un demi-siècle (en nombre rond) (1).

» Deux poids égaux d'un même blanc d'œuf furent, l'un coagulé par la chaleur, c'est-à-dire *cuit;* l'autre ne le fut pas : tous les deux subirent l'action du vide sec jusqu'à ce qu'ils ne perdissent plus rien. Les résidus pesaient également, et cependant l'*albumine cuite* mise avec le poids d'eau qu'elle avait perdu ne se dissolvait pas et ne reproduisait que du blanc d'œuf cuit, tandis que l'*albumine incuite* était redissoute par l'eau et reproduisait avec l'eau qu'elle avait perdue l'*albumine incuite ou crue.* Ajoutons que la cuisson avait développé un arome particulier un peu sulfuré et qu'il s'était produit du sulfure de sodium par le soufre d'un principe immédiat organique que je crois étranger à l'albumine aussi bien que l'est le soufre de la laine, des poils, de la corne, etc.

» Résultat analogue dans la cuisson du tendon, sauf qu'en en prenant deux poids égaux, faisant bouillir l'un dans l'eau jusqu'à parfaite solution,

(1) *Mémoires du Muséum,* t. XIII, p. 166. On y verra comment les effets de la chaleur, pour produire la modification de l'albumine cuite, ont été étudiés comparativement avec les effets de l'alcool, etc., et comment, dès cette époque, je sentais l'importance du phénomène de l'*isomérisme* dans l'étude comparative que je faisais de changements analogues produits par des causes différentes. Ces études ne comprennent pas moins de onze pages un quart, de 172 à 183.

le résidu de l'évaporation du liquide, qui est de la gélatine, séché avec le poids du tendon cru, donne la même quantité de matière sèche que le tendon.

» On voit donc que la *cuisson* produit sur le tendon un effet semblable à celui qu'elle produit sur l'albumine, en ce sens que l'aliment modifié représente un poids égal à celui de l'aliment cru, mais avec cette différence que la *cuisson* a coagulé l'albumine, tandis que l'eau bouillante a dissous le tendon.

» Loin d'être étonné de ces résultats, mes travaux antérieurs m'en faisaient sentir l'importance; car ils confirmaient l'opinion que je m'étais faite de l'espèce chimique à mon début dans la science, puisque la définition que j'en donnais dans les *Éléments de Botanique* de Mirbel, en 1815, comprenait trois notions-principes pour l'espèce composée, la nature des éléments, leur proportion et leur arrangement. Or c'est l'arrangement différent des mêmes éléments unis en même proportion qui présente le fait général connu aujourd'hui sous le nom d'*isomérisme*.

» Un exemple remarquable avait été mis en évidence dès 1810 et 1811 par l'analyse comparative de mispickel, du fer sulfuré blanc et du fer sulfuré jaune.

» Haüy était disposé avant mes analyses à assimiler d'après la forme cristalline le mispickel avec le fer sulfuré blanc. Je montrai que le mispickel était équivalent à *arsenic* + *protosulfure de fer*, tandis que les deux sulfures étaient *identiquement* représentés par *soufre* + *protosulfure de fer*, mais différaient par la forme cristalline.

» On voit maintenant combien l'isomérisme de l'albumine cuite et de l'albumine crue et l'isomérisme du tendon cru et du tendon cuit sont conformes à la manière dont j'ai envisagé la *cuisson*, lors même qu'il existe des différences notables entre l'*aliment cru* et l'*aliment cuit*, et l'isomérisme des deux cas signalés il y a un demi-siècle fait comprendre d'une manière aussi claire que précise combien le phénomène que j'ai appelé *décuisson* (dans mon livre de la *Méthode* A POSTERIORI *expérimentale et de sa généralité*, p. 238) est facile à concevoir.

» Après avoir reconnu les effets précédents produits par la chaleur sur l'albumine et les tendons, et reconnu que l'effet de la chaleur pour opérer la cuisson du blanc d'œuf s'accomplissait lorsqu'elle était dissoute par plus de vingt fois son poids d'eau sans qu'il y eût de coagulé, je rapprochai cette action de la chaleur sur les matières organiques de celle qu'elle exerce sur la zircone que j'avais obtenue le premier à l'état de pureté. En la chauffant, cette base devient *incandescente* et cesse d'être soluble dans plusieurs acides, phénomène signalé avant moi par Berzelius sur plusieurs antimonites et antimoniates et quelques oxydes (1).

» En définitive, je montrais, dans le Mémoire de 1821, que le phénomène de *cuisson* des matières organiques s'étendait à des composés inorganiques.

» Ce rapprochement de la coagulation de l'albumine, de l'incandescence de plusieurs composés inorganiques me conduisit à penser que dans les composés organiques, particulièrement lorsque le carbone de l'acide carbonique passe dans les plantes à l'état de carbone végétal en s'assimilant à l'hydrogène, à l'azote, à l'oxygène pour constituer des principes immédiats organiques ternaires, quaternaires et mêmes binaires, tels que des huiles essentielles formées d'un grand nombre d'atomes de carbone et d'hydrogène, il y a dans le carbone un accroissement de la cause de la chaleur, phénomène inverse de celui de la cuisson de l'albumine et de la cuisson des composés minéraux qui deviennent incandescents sous l'influence d'une température obscure. De même que j'ai étendu le phénomène de la *cuisson* aux composés organiques, j'ai admis la possibilité du phénomène de la *décuisson* dans ces mêmes composés lorsque leur formation donne lieu à du *froid* ou une *absorption de la cause de la chaleur.* J'ai cité pour exemple l'opinion de Berthollet qui reconnaissait une absorption de calorique dans la production du muriate suroxygéné de potasse (2).

» J'ai cité encore l'observation de M. Favre d'après laquelle, pour l'unité de poids,

Le charbon de bois développe....	8080	unités de chaleur,
Le diamant....................	7770	»

» Il faut reconnaître que ces phénomènes sont faciles à concevoir dans l'hypothèse où la cause de la chaleur est attribuée à un corps impondérable, le *calorique,* corps qui, en perdant son caractère d'échauffer par une combinaison, devient alors *latent* ou insensible au thermomètre, comme un *acide* ou une *base* qui, en formant un sel *neutre*, cesse d'agir sur le réactif coloré qu'il affectait auparavant.

---

(1) P. 182 du Mémoire.

(2) *Méthode* A POSTERIORI *expérimentale*, p. 234 à 235.

Conséquences des vues précédentes relatives à la nutrition.

» Poursuivons les conséquences de la manière dont je viens d'envisager la nature de la matière des aliments relativement au rôle de leurs principes immédiats dans l'entretien de la vie des animaux qui s'en nourrissent.

» J'ai fait trois distinctions parmi les corps simples que l'analyse chimique a reconnus dans les êtres vivants, des *corps absolument essentiels qui ne peuvent être remplacés par aucuns autres*, des *corps essentiels qui peuvent l'être*, enfin des *corps accidentels;* le cuivre, l'or, etc., me paraissent dans ce cas.

» Quant aux principes immédiats essentiels qui pénètrent dans l'être vivant, je n'ai pas jugé la science suffisamment avancée pour faire des distinctions, tels que *nutritifs proprement dits*, *excitants*, *irritants*, et j'ai dit explicitement que je ne refuserais pas la dénomination d'*aliment* : 1° à des *phosphates* tels que ceux de chaux et de magnésie qui s'assimilent à des tissus pour les durcir, bien entendu, à des tissus qui doivent l'être à l'état normal, comme le tissu osseux; à des *principes immédiats d'origine organique*, qui ne pénétreraient dans l'être vivant que pour être *brûlés complétement par l'oxygène et développer de la chaleur*, et à d'autres qui le seraient incomplétement, parce que la partie qui ne le serait pas s'assimilerait à une matière quelconque.

» Lorsqu'en 1837 je m'énonçais ainsi, je n'avais donné ni ma définition du mot *fait*, ni publié ma *distribution des connaissances humaines du ressort de la philosophie naturelle*, ni établi en principe que *nous ne connaissons l'essence d'aucun être concret, que nous ne le connaissons que par ses attributs.*

» Or, une conséquence de cette manière de voir, c'est qu'on avance une science quand on définit nettement une propriété, par exemple celle que posséderait un corps qui n'*entrerait dans l'être vivant que pour s'y brûler;* mais que ce n'est pas l'avancer, lorsque cette propriété une fois définie, on fait deux CATÉGORIES absolument DISTINCTES de principes qui sont dans ce cas et de principes assimilables, non qu'absolument je repousse l'application d'*une distinction* fondée; mais elle est *à priori*, selon moi, tant que l'expérience n'a pas prononcé avec précision.

» Par exemple, dans l'état actuel de la science, je ne confonds pas le rôle de la gomme, du sucre, de la matière amilacée avec celui de la fibrine, de l'albumine; mais je n'admets pas comme absolue la distribution des aliments en *respiratoires* et en *plastiques*, parce que je ne connais aucun fait qui exclut d'une manière absolue un principe immédiat vraiment *plastique*, vraiment *alibile*, de ne pas être brûlé, si ce n'est toujours, du moins dans certaines circonstances, sous l'influence de l'oxygène agissant dans la respiration ; et j'ajouterai : Est-on bien certain que, parmi les principes ternaires non azotés, il n'y en ait pas dont la partie modifiée par une combustion partielle n'entre pas dans une composition assimilable?

Quelques conséquences de la correspondance de la nature chimique de l'aliment avec l'être qui s'en nourrit.

» Où conduit la correspondance de la nature chimique de l'aliment avec l'être vivant qu'il doit nourrir?

» A la recherche des principes immédiats de l'aliment qui ont le plus d'analogie chimique avec les principes immédiats de l'être vivant appartenant à une espèce parfaitement définie par le naturaliste ;

» A suivre l'analogie de chacun des principes de l'aliment dans l'être vivant, c'est-à-dire dans ses liquides et dans ses organes.

» Par exemple, prenons l'albumine d'un aliment donné à un mammifère, on examinera comparativement l'albumine du chyle, l'albumine du sang, de la synovie, etc.

» Même recherche pour la fibrine, etc., etc.

» Il est entendu que chaque étude doit être répétée depuis le fœtus jusqu'à la vieillesse pour chaque espèce.

» Personne ne fait plus de cas que moi de l'histoire naturelle à tous les points de vue, et à la condition qu'on n'en préconisera pas un d'eux aux dépens des autres, et incontestablement, à mon sens, les grands naturalistes ont été de grands philosophes; mais après la classification des êtres qui nous a dévoilé tant d'excellentes choses et mis en évidence les meilleures règles à suivre dans les classifications d'objets quelconques, il ne faut pas fermer les yeux sur le grand avantage que présente l'étude philosophique d'un être vivant comme individu, faite avec l'intention de se rendre raison de l'organisation des parties, de leurs relations mutuelles, et de l'aptitude de chacune dans le concours de l'ensemble pour assurer la vie de cet individu, puis d'étudier chacune de ses parties dans ses relations avec le monde extérieur. C'est évidemment dans ce système d'études que rentrent les recherches de physiologie chimique dont je viens de parler.

» Un travail d'un grand intérêt serait l'étude comparative faite à ce point de vue sur des individus représentant chacun des espèces définies d'une même classe, mais appartenant à des ordres fort différents; par exemple, en comparant l'étude d'un mammifère carnivore, d'un mammifère herbivore avec celle d'une espèce de cétacés. Quels sont les principes immédiats du lait d'une baleine? quels sont les acides odorants de son beurre? etc., etc.

» Quel rapport existe-t-il entre la transpiration étudiée au point de vue chimique entre ces trois espèces de mammifères?

» Quel rapport existe-t-il entre les liquides organiques de même nom chez les trois mammifères que j'ai nommés?

» L'eau du sang et des autres liquides de la baleine ne renferme-t-elle pas plus de sels que l'eau du sang et des autres liquides des mammifères terrestres?

» Si elle en contient moins, qu'est devenu l'excès des sels de l'eau de mer qui a pénétré dans la baleine?

» Mêmes recherches sur les liquides organiques des poissons d'eau douce et des poissons d'eau de mer.

» Si la *transpiration cutanée* peut être considérée comme un quatrième acte d'*excrétion* par lequel un certain nombre de principes immédiats, qui ne servent pas ou qui ne servent plus à la vie, sont expulsés de l'être vivant avec beaucoup d'eau, les trois autres actes étant la *transpiration pulmonaire*, la *sécrétion urinaire* et l'*excrétion de la matière expulsée du corps* avec la partie de l'aliment qui n'entre pas dans l'intérieur de l'être vivant, il y a avantage a examiner plusieurs produits de l'organisation au point de vue de l'*excrétion.*

» Conformément aux idées de physiologie chimique que je viens d'exprimer, je rapproche de la *transpiration cutanée* la production des poils chez les mammifères terrestres, des plumes chez les oiseaux, des écailles chez des reptiles et la plupart des poissons, des coquilles chez des mollusques terrestres, fluviatiles et marins, etc., etc.; mais en ayant grand soin de distinguer le tissu vivant de ces produits d'avec les principes immédiats que ce tissu sécrète, principes correspondant, selon moi, aux principes immédiats de la transpiration cutanée qui sont excrétés avec l'eau. Ainsi j'assimile les principes immédiats, dont je parle, quant à la production relativement au tissu vivant, au suint relativement au tissu vivant du poil ou de la laine.

§ II.

FAITS PRINCIPAUX SUR LESQUELS DEVAIENT REPOSER LES CONCLUSIONS DU SECOND RAPPORT RELATIVEMENT A LA GÉLATINE ENVISAGÉE AU POINT DE VUE DE L'ALIMENTATION.

» Après l'exposé des *idées générales* auxquelles me semblaient se rattacher les *principaux faits* qui devaient composer mon second Rapport, il me reste à parler de ces faits même au point de vue spécial de la gélatine envisagée relativement à la question de l'alimentation de l'homme.

» Si les conclusions du premier Rapport ne prononçaient pas l'exclusion du bouillon d'os, elles en restreignaient l'usage, par le désir qu'exprimait la Commission de voir l'usage du bouillon de viande et du bouilli s'étendre, et ces conclusions étaient en harmonie avec la pensée que l'aliment de l'homme devait correspondre à la nature chimique des principes immédiats nécessaires à la vie de l'être auquel cet aliment est nécessaire.

» L'étude approfondie du *parenchyme*, du *cartilage*, du *tissu gélatineux* des os était nécessaire à l'histoire scientifique du bouillon d'os, et cette étude approfondie et philosophique devait être comparative.

» Le premier travail à entreprendre était de vérifier, sur le cartilage des os de bœuf, les faits que j'avais publiés depuis longtemps sur le tendon, à savoir l'existence de l'oléine, de la margarine et de la stéarine, la conversion du cartilage, privé de matière grasse, en gélatine dont le poids devait être égal à celui du cartilage.

» Il fallait rechercher si tous les os des mammifères étaient formés d'un *cartilage* représentant un seul principe immédiat, comme le *tendon pur*, et cette recherche me semblait d'autant plus nécessaire que j'avais appris dans le livre de D. Papin *l'art d'amollir les os;*

» Que le cartilage se dissout *presque en entier* dans l'eau et donne une forte gelée;

» Que le brochet donne de la gelée, tandis que le maquereau n'en donne pas.

» L'examen chimique du cartilage d'un *poisson de l'ordre des* CARTILAGINEUX m'avait appris la nécessité d'étudier le tissu organique des os au point de vue de la diversité des principes immédiats qui peuvent le constituer. Car je savais, d'après l'examen du cartilage du *Squalus peregrinus*, qu'il est absolument différent du cartilage osseux susceptible de donner de la gélatine par l'eau bouillante.

» En effet, si le cartilage sec du *Squalus peregrinus* absorbe l'eau froide de manière à former un liquide d'apparence homogène, il suffit de jeter le liquide sur un filtre pour se convaincre que le cartilage, loin d'avoir été dissous, est à l'état de gelée incolore qui reste sur le filtre. Enfin, en traitant 1 gramme de cartilage par 200 grammes d'eau bouillante, on peut s'assurer qu'il faut cinq opérations successives pour en opérer la dissolution complète; la première solution, plus chargée que la cinquième, semble indiquer qu'il y a plus de sels dans la première que dans la dernière, et dès lors, que les sels naturels au cartilage ont de l'influence sur sa solubilité.

» La solution du cartilage est fort visqueuse relativement à la faible quantité de matière qu'elle tient en solution.

» Elle précipite par le chlore, l'azotate de protoxyde de mercure, le sous-acétate de plomb, etc. Fait remarquable, quand on ne l'a pas acidulée, elle ne trouble pas la noix de galle (est-ce le sous-carbonate de soude qui s'oppose au précipité? je n'ose l'assurer, faute d'expérience de contrôle).

» La solution ne se prend pas en gelée par la concentration.

» En définitive, le cartilage du squale est absolument différent des tissus susceptibles de se changer en gélatine, et de plus il n'a pas une propriété qui le rapproche de l'albumine. Si on veut l'assimiler aux matières organiques que l'on croyait bien connaître à l'époque de mon travail, on le rapprocherait du *mucus* de Vauquelin et Fourcroy, c'est-à-dire d'une matière qui, à l'état solide, était la base, disait-on, de la matière principale de la corne, des cheveux, des poils, de la laine, de l'écaille, etc. J'avoue que le composé sulfuré que j'admets aujourd'hui dans les poils en général comme distinct de leur matière principale me paraît favorable à l'opinion qui ferait dériver de l'albumine la base de cette matière.

» Les faits que je viens de rappeler avec les réflexions dont ils ont été l'occasion me suggèrent quelques remarques relatives à l'expression d'*osséine* donnée récemment au cartilage des os. Certes, si ce nom eût été la conséquence de travaux qui, en ajoutant de nouveaux faits à ceux que nous connaissons, auraient donné de la précision à la définition du cartilage comme espèce chimique, je me serais empressé d'adopter le nouveau nom. Mais en a-t-il été ainsi? Non; car je ne connais aucun travail nouveau qui réponde aux questions que j'ai élevées; je ne sache pas que, depuis mon travail sur le cartilage du squale, qui remonte à soixante ans, on ait cherché si toutes les espèces de poissons de l'ordre des Cartilagineux renferment ce même cartilage, si tous les squelettes des poissons osseux sont identiques et donnent de la gélatine, et en ce cas il faudrait répéter l'expérience dont parle D. Papin pour découvrir la cause pour laquelle le maquereau n'a pas donné de gelée dans le cas où le brochet en a donné.

» Parmi les faits à l'appui de mes réflexions sur la nécessité d'étudier les substances propres à donner de la gélatine, afin d'éclairer la question qui s'y rattache des lumières de la science, je citerai quelques recherches de M. Payen, conduites avec beaucoup d'intelligence, sur le cartilage des os du cheval.

» Après avoir signalé la différence de fusibilité de la matière grasse suivant les régions du corps de l'animal où elle se trouve, il s'est proposé d'examiner diverses opinions relatives au cartilage de cet animal. Au dire des uns, il ne donnait pas de gélatine par l'eau bouillante, tandis que d'autres soutenaient l'opinion contraire. M. Payen a constaté qu'il en donne réellement; et l'on peut s'en convaincre en prenant le cartilage de la *partie compacte* extérieure des os des côtes. Si l'on soumet la *partie spongieuse* contenue dans la cavité de ces mêmes os à des expériences comparatives avec la première, on constate que le cartilage s'y trouve en moindre proportion et mêlé avec des cellules adipeuses et autres matières étrangères. M. Payen pense que cette *partie spongieuse* est le résidu d'une portion compacte dont une partie a été résorbée avec l'âge. Il pense que les chevaux étant abattus généralement à un âge plus avancé que les bœufs, et après avoir été plus fatigués et moins bien nourris, sont par là même dans des conditions moins favorables pour donner un cartilage comparable à celui du bœuf. Ses recherches rendent compte de la diversité d'opinion des fabricants de gélatine, puisque généralement les os de cheval renferment un cartilage de qualité inférieure à celui du bœuf, et qu'il est des os de cheval dont on ne retire que de très-faibles quantités d'une gélatine, et d'une gélatine encore très-impure.

§ III.

MON OPINION SUR LE BOUILLON D'OS PRÉPARÉ PAR LE PROCÉDÉ DE D'ARCET.

» Je ne pense pas que le procédé de D'Arcet soit préférable à celui de Proust; s'il paraît plus économique, en ce qu'il n'exige pas la division mécanique des os, il ne l'est que très-peu, si l'on admet avec la Commission de l'Hôtel-Dieu qui fut chargée de faire un Rapport au Conseil général des hospices que la dépense du bouillon de viande n'excédait celle du bouillon d'os que de 7f,13 par jour à l'Hôtel-Dieu de Paris.

» Le bouillon d'os préparé par le procédé de D'Arcet est, de l'aveu du plus grand nombre des Rapports dont il a été l'objet, peu agréable, lors même que la préparation en a été faite soigneusement et avec des os choisis. Deux circonstances me semblent peu favorables à sa bonne qualité : la *première,* c'est que la vapeur d'eau qui se condense dans l'appareil où se trouvent les os est constamment ammoniacale, et la *seconde,* que, les os n'étant pas divisés, il est difficile de reconnaître les défectuosités internes des os; or, n'oublions pas que la graisse, cause de l'aspect laiteux du bouillon d'os, étant fort susceptible de s'altérer, a l'inconvénient encore de dissoudre ou de s'imprégner des mauvaises odeurs avec lesquelles elle se trouve en contact, et M. Payen a eu l'occasion de vérifier ce fait sur de la graisse de cheval qui s'était imprégnée de l'odeur fétide d'intestins en putréfaction avec lesquels elle s'était trouvée en contact.

» Lorsqu'au lieu de traiter les os par la vapeur, on en traite la poudre par l'eau liquide, l'ammoniaque se dégage par l'ébullition, et le bouillon se trouve ainsi purifié d'un corps volatil qui contribue certainement à altérer la qualité des eaux potables dans lesquelles il y en a en quantité notable, c'est dire que, par cette raison, je trouve le procédé de Proust supérieur à celui de D'Arcet.

» Voulant éviter d'exprimer toute opinion personnelle sur le mérite scientifique de D'Arcet, je me bornerai à citer quelques lignes que je trouve dans une Note de M. Milne Edwards, insérée au *Compte rendu* de la séance du 5 de décembre 1870, p. 786 : « D'Arcet se laissa entraîner sur une » pente où les innovateurs glissent souvent, et il tomba dans des exagéra- » tions que les hommes de science ne pouvaient accepter. Il vanta outre » mesure les qualités alimentaires du bouillon à la gélatine ».....

» Cette citation me suffit avec la remarque que la préparation du bouillon d'os l'occupa pendant trente années.

» Si les vues que j'ai exposées, relativement aux connaissances qu'il fallait réunir pour traiter la question alimentaire de la gélatine dans le second Rapport, pouvaient donner à penser que je serais disposé à combattre les conclusions du Rapport de Magendie, on serait dans l'erreur; et j'avoue, après en avoir lu et relu les conclusions, les adopter, et en cela je partage l'avis de M. Dumas (1).

» Plus le temps marchera et, si je ne me trompe, plus on s'étonnera de la longueur des débats auxquels la question de la gélatine a donné lieu

(1) *Compte rendu* de la séance du 28 de novembre 1870, p. 755.

dans l'Académie, tant à mon sens il y avait d'accord entre les médecins les plus capables de juger les effets du bouillon d'os sur les malades des hôpitaux.

» Et si j'ai entendu quelques personnes regretter qu'un troisième Rapport n'ait pas été publié, je n'ai jamais pensé que ce nouveau travail pût ajouter quelque modification à la conclusion finale du second Rapport, quel qu'eût été l'intérêt scientifique des nouvelles recherches.

» Après les passages des publications de Cadet de Vaux que j'ai cités textuellement dans la première Partie de cet Essai, après le concert établi entre lui et D'Arcet lorsqu'il s'agissait en réalité de proscrire le bouillon de viande (y compris le bouilli) comme inférieur au bouillon d'os pour assurer l'usage absolu du dernier, il appartenait aux *philanthropes éclairés et savants* de combattre une pareille prétention qui, en définitive, n'était rien moins qu'un acte tout à fait contraire au bien de l'humanité qu'on mettait en avant. Je n'ai donc jamais perdu l'occasion de vanter les avantages de l'agriculture envisagée à la fois sous le double rapport de la culture des plantes et de l'élevage des animaux propres à la boucherie, afin de rendre accessible à toutes les classes de la société l'usage du bouillon et du bouilli que j'ai toujours considérés comme les bases de la meilleure alimentation.

» Ma *philanthropie* relativement a la diète de l'homme de toute condition est donc que l'agriculture fasse le plus possible à la fois du blé et de la viande.

» Je n'ajouterai rien à mes réflexions sur le rôle fâcheux que l'administration a joué dans cette triste affaire, à ce que j'ai dit de ses erreurs, de son ignorance et de ce qu'elle a été le jouet d'intrigants ou d'hommes dépourvus de toute connaissance précise. Je n'insisterais pas comme je le fais, si la question de favoriser l'usage du bouillon d'os eût été présentée au public comme Proust l'avait fait; si l'on eût dit : Nous voulons la continuation de l'usage du bouillon de viande et du bouilli, notre désir est de le multiplier, de le rendre accessible de plus en plus à toutes les classes de la société; nous ne voulons l'usage du bouillon d'os que dans le cas où la *ration* est trop faible, qu'il s'agisse du soldat, qu'il s'agisse du pauvre, qu'il s'agisse d'une famine et encore d'une ville assiégée; mais nous repoussons la substitution du bouillon d'os au bouillon de viande comme un acte de lèze-humanité.

» *P.-S.* — J'ai prouvé, dans la première Partie de ce résumé, que jamais ni D'Arcet, ni sa famille n'ont eu à se plaindre de moi; qu'il a fallu une circonstance tout à fait imprévue pour me faire rompre un silence de trente-six ans en publiant des Lettres qui n'étaient connues que de moi; j'ai parlé en outre de deux Lettres qui m'ont été adressées de Rio-de-Janeiro, par Félix D'Arcet, fils du dernier D'Arcet, Membre de l'Académie des Sciences. Afin de remplir mon engagement, je publie sa dernière Lettre; elle est datée du 18 d'octobre 1846.

« Rio de Janeiro, 18 octobre 1846.

» Monsieur,

» Si, parmi tous mes souvenirs, il en est un que je conserve avec bien du bonheur et bien de la reconnaissance, c'est le vôtre. Trop tard j'ai pu apprécier la bonté et l'élévation de votre cœur; je ne connaissais que votre talent. Mais, en de tristes et bien solennelles circonstances, je vous ai trouvé si bon, si affectueux, si bienveillant, que pour toute ma vie je vous ai voué une affection qui a quelque chose de filial, de respectueux et de tendre, dont je vous prie bien d'agréer l'assurance.

» Voilà mon avenir fait et refait, plus grand qu'il n'eût jamais pu être en France. Le Gouvernement brésilien, représenté par ses Chambres, vient, par une loi, de me voter une somme de 1 million pour l'établissement ici d'une fabrique de produits chimiques et pour un enseignement fait par moi de chimie appliquée aux arts. Je retourne donc à Paris vous voir, vous embrasser, vous remercier toujours et encore. Je vais avoir ici votre nom à la bouche bien souvent, et toujours pour rendre un bien sincère hommage au cœur de l'homme comme à son intelligence. Je ne voulais pas que vous apprissiez cette nouvelle par les journaux ou par d'autres que par moi, car je vous avoue, et à votre intérêt pour moi, j'ai le droit de le croire, je suis sûr que vous en serez heureux. Si mon adolescence a été un peu oisive, un peu rêveuse, c'est pour remplacer cela que ma virilité sera laborieuse et occupée. Je me fais une fête de passer quelques heures, ces heures à votre foyer, pour apprendre de vous ce que mon père ne peut plus m'enseigner; il était comme vous savant et bon, je m'y tromperai. Adieu, et veuillez recevoir l'hommage de mon respectueux et intime dévouement.

» *Signé* D'Arcet. »

» En reproduisant cette Lettre si touchante, j'éprouve un vif regret dont D'Arcet père est le sujet; si ce regret est adouci, c'est que le fils ne connaîtra pas une publication, à laquelle je me suis cru forcé.

» J'insère à la suite de ma Communication faite à l'Académie, trois pièces relatives au fait du bombardement du Muséum :

» La *première* est une Lettre que j'adressai, au nom des professeurs de l'établissement, à M. Richard Wallace.

» La *seconde* est la réponse à cette Lettre.

» La *troisième* est une Lettre que M. l'abbé Lamazou, vicaire de la Madeleine, m'a fait l'honneur de m'adresser, relativement à la déclaration insérée page 35 du résumé historique des travaux auxquels la *gélatine* a donné lieu.

« Paris le 15 de janvier 1871.

» MONSIEUR,

» Dans la nuit du 8 au 9 de janvier 1871, quelques professeurs du Muséum d'Histoire naturelle parlaient des misères du temps, du siége de Paris, événement dont l'imprévu même augmentait la gravité. On s'étonnait du calme de l'Europe civilisée du XIXe siècle assistant à ce spectacle; mais, plus accessibles aux sentiments généreux qu'aux passions haineuses, nous aimions à citer quelques noms étrangers portés par des cœurs vraiment français; et voilà, Monsieur, comment le nom de Richard Wallace sortit de plusieurs bouches!

» Quelques minutes à peine écoulées, un bruit éclatant interrompit la conversation ; un obus prussien venait d'éclater; une serre près de laquelle nous étions n'existait plus, et bientôt après un second obus en détruisait une autre. Arrivés sur les lieux foudroyés par une rage ennemie, quelques fleurs échappées au désastre frappent nos yeux, et un sentiment de reconnaissance, rendu plus vif encore par le contraste de la destruction, nous suscite l'idée de vous les offrir comme un hommage des professeurs du Muséum rendu à Richard Wallace, dont le nom est désormais inscrit en tête des bienfaiteurs de la population de Paris.

» Je suis heureux, Monsieur, après les marques de bienveillance dont la science anglaise m'a honoré, de vous écrire ces lignes au nom des professeurs du Muséum d'Histoire naturelle de Paris.

» Veuillez donc, Monsieur, agréer l'expression des sentiments de ma plus haute considération.

» *Signé* : E. CHEVREUL,

» Directeur du Muséum et doyen des Associés étrangers de la Société royale de Londres. »

« Paris, 18 janvier 1871.

» MONSIEUR,

» J'ai bien reçu hier la Lettre que vous m'avez fait l'honneur de m'adresser en date du 15 de ce mois, ainsi que le charmant bouquet qui l'accompagnait.

» Ces deux souvenirs me seront également précieux, croyez-le, Monsieur : la Lettre, parce qu'elle a été écrite par vous et au nom de tant de savants distingués; les fleurs, parce qu'elles ont été élevées par vos soins et qu'elles sont victimes, elles aussi, de la barbare civilisation qui nous assiége.

» J'ai été très-heureux de pouvoir rendre quelques services à la population de Paris, pendant ces cruels jours; mais parmi les témoignages de sympathie dont j'ai été l'objet, permettez moi de placer en première ligne l'expression des sentiments de bienveillance dont vous avez bien voulu vous faire l'interprète de la part des professeurs du Muséum d'Histoire naturelle.

» Veuillez agréer, je vous prie, Monsieur, l'expression des sentiments de ma plus haute considération.

» *Signé :* Richard Wallace. »

« Paris, le 11 janvier 1871.

» Monsieur le Directeur,

» Attaché de cœur au Muséum par les envois que je lui fis pendant mon voyage d'Orient en 1860, honoré de la bienveillance de l'illustre Geoffroy Saint-Hilaire qui voulut bien, à cette époque, signaler dans le *Moniteur officiel* l'utilité de ces envois, je viens de lire dans le *Compte rendu* de la dernière séance de l'Académie des Sciences la noble protestation que vous a inspirée l'inqualifiable bombardement d'un des établissements scientifiques les plus importants et les plus populaires du monde.

» Mais il faut, dans l'intérêt de la civilisation et de la justice, que cette protestation reste acquise à l'histoire; il faut que les odieux procédés d'un peuple qui ne semble aimer et cultiver dans la science que ce qu'elle a de destructeur pèsent comme un remords et une flétrissure sur la conscience de l'Europe civilisée qui les tolère et du peuple barbare qu'ils déshonorent.

» Je viens donc vous proposer de faire, avec l'assentiment de l'administration du Muséum, graver le texte de votre protestation sur deux plaques de marbre de 60 ou 80 centimètres, et de placer ces plaques sur deux principales entrées du Muséum.

» Malgré les sacrifices que m'imposent en ce moment les épreuves multipliées de Paris, je m'engage à faire immédiatement la dépense de ces deux plaques; elles attesteront aux générations à venir de quel côté se trouvaient dans ce néfaste siége de Paris le droit moral et la force brutale, l'amour de la civilisation et le culte de la barbarie.

» Veuillez agréer, Monsieur le Directeur, l'assurance de ma plus respectueuse considération.

» L'Abbé Lamazou,

» Vicaire de la Madeleine; 18, rue de la Ville-l'Évêque. »

» Parmi les adhésions que j'ai reçues à la déclaration faite à l'Académie des Sciences le 9 de janvier, aucune ne m'a plus touché que la lettre de

M. l'abbé Lamazou. Qui pourrait effectivement m'être plus précieuse que l'expression du patriotisme le plus désintéressé dans la bouche d'un ministre des autels d'un Dieu de paix, et la pensée du *théologien* qui, loin de repousser les sciences comme ennemies, les considère avec raison comme les puissants auxiliaires du sentiment religieux !

» Que l'expression de cette double sympathie soit permise, non au savant, mais à celui qui peut se dire le *Doyen des Étudiants de France,* puisqu'il lui a été donné de continuer sans interruption sur les bords de la Seine des études commencées à la fin du siècle précédent dans le beau pays d'Anjou.

» E. CHEVREUL. »

Séance du 6 *de février* 1871.

« J'ai fait faire un tirage à part de plusieurs des écrits que j'ai présentés à l'Académie pendant le siége de Paris, et j'ai ajouté quelques Lettres dont ils ont été l'occasion. Aujourd'hui je complète par les Communications suivantes un recueil dont le titre sera : *Distractions d'un Membre de l'Académie des Sciences de l'Institut de France, Directeur du Muséum d'Histoire naturelle, lorsque le roi de Prusse Guillaume Ier assiégeait Paris de* 1870 *à* 1871.

» Quatre-vingts obus au moins ont frappé le Muséum du 8 au 22 de janvier.

» L'Académie se rappellera peut-être qu'elle a bien voulu consacrer le XXXIXe volume de ses *Mémoires* à *mes recherches sur le suint* commencées depuis plus de quarante-cinq ans. J'ai la satisfaction de lui en présenter les cent premières pages imprimées, et en la remerciant profondément de la faveur qu'elle m'a faite, je lui apprendrai que si, heureusement, toutes mes craintes sur le bombardement des Gobelins n'ont point été réalisées, c'est par l'effet du hasard ; car un obus a éclaté dans l'atelier de teinture au-dessous même de mon laboratoire, et n'a causé que des dégâts matériels ; M. Vaillant, teinturier, et Mme Vaillant, qui se trouvaient dans le couloir des fourneaux au moment de l'explosion de l'obus n'ont point été atteints ; un éclat suivant la diagonale de la cour a frappé l'entrée de l'ambulance établie par les personnes attachées aux Gobelins, sans causer d'accident. Enfin plusieurs obus ont passé sans éclater au-dessus du bâtiment où se trouve mon laboratoire, et j'ai été heureux après ces circonstances, en y rentrant, de trouver toutes choses dans l'état où je les avais laissées.

» Je termine cette Communication par trois Notes du domaine de la science, mais qui, chronologiquement, appartiennent à la période du siége de Paris.

1re NOTE : *Découverte de l'acide avique dans un albatros.*

» Le jeudi, 19 de janvier, de midi à 2 heures, un obus, après avoir traversé le toit de la maison que j'habite au Muséum, éclata dans un petit laboratoire de chimie annexé à ma bibliothèque, et qui en est séparé par un couloir de $1^m,2$ de largeur. Heureusement qu'alors je prenais part à une *Conférence du Journal des Savants* au Ministère de l'Instruction publique. Que j'eusse été assis à mon bureau, et j'aurais eu la tête écrasée par une porte qui tomba violemment sur mon fauteuil. Le danger auquel j'avais échappé changea mes habitudes.

» Jusque-là, après avoir passé les nuits dans la partie des serres du Muséum où se trouvent les appareils de chauffage, je rentrais chez moi de 6 à 7 heures du matin pour y dormir quelques heures. L'expérience m'ayant appris que je n'y étais pas en sûreté, un matelas fut placé dans une des pièces du local de l'administration, et c'est là, à mon réveil, après avoir ouvert la fenêtre et respiré l'air du dehors, qu'une *odeur* que je connaissais depuis longtemps attira mon attention et me suscita le désir d'en connaître la cause.

» C'est alors qu'en explorant les objets qui étaient à ma portée, je mis la main sur un paquet enveloppé de papier où je reconnus la cause de la sensation que j'éprouvais. C'était un oiseau aquatique, un albatros, dont l'origine m'est inconnue encore, et l'odeur de ses plumes était bien celle de l'*acide* que j'ai découvert dans le suint de mouton, et de la découverte duquel j'ai parlé à l'Académie sous la dénomination d'*avique* : aujourd'hui ce nom se trouve justifié par l'observation que je viens de faire.

» Voici les expériences qui le prouvent :

» On met des plumes dans un flacon avec un peu d'eau de baryte, on le secoue pour atteindre toutes les plumes avec le liquide, et après quelques jours l'odeur de l'*acide avique* a disparu de l'atmosphère du flacon. L'eau de baryte enlevée du flacon est inodore ou à peu près; mais dès qu'on a versé un acide inodore, comme l'oxalique par exemple, l'*acide avique* manifeste son odeur.

» Le même effet se produit plus lentement lorsque les plumes sont mises dans une atmosphère limitée où l'on a placé une capsule plate remplie d'eau de baryte.

» On constate encore avec l'hématine convenablement préparée la propriété acide dans les plumes, et l'odeur d'ammoniaque lorsque l'eau de baryte agit sur elles. Je ne doute pas qu'une partie de l'acide est neutralisé par cet alcali.

» Plusieurs raisons m'ont déterminé à entrer dans ces détails. La première, c'est le parti qu'on peut tirer de l'usage de nos sens pour arriver à prendre une idée exacte de la manière de procéder dans l'analyse organique immédiate, afin d'acquérir la preuve qu'en appliquant un réactif à une matière d'origine organique on en sépare un principe immédiat non altéré. Evidemment cette preuve est acquise dès qu'on retrouve, dans des principes séparés d'une matière organique, les propriétés qu'on avait reconnues à cette matière avant l'analyse. Lors donc qu'on retrouve l'odeur des plumes dans un principe qu'on en a séparé au moyen de l'eau de baryte, on a la preuve que l'odeur de la plume dépendait de ce principe.

» C'est grâce à l'étude que j'ai faite de l'exercice des sens du toucher, du goût et de l'odorat que j'ai pu acquérir la conviction des états divers où peut se trouver ce dernier organe relativement à son aptitude plus ou moins grande à recevoir l'impression des corps odorants. Ainsi, j'avais passé plusieurs heures dans le local où cet albatros était déposé sans m'en apercevoir, et c'est après avoir respiré l'air extérieur que j'éprouvai la sensation qui m'a fait reconnaître, pour la première fois, l'*acide avique* dans un oiseau.

» Quand nous avons demeuré quelque temps dans une pièce où l'air est échauffé, il peut être odorant sans que nous puissions en être affecté, à cause de la continuité de la sensation; mais, si l'on respire l'air du dehors, surtout après avoir dormi, l'organe devient alors susceptible d'être affecté d'une sensation à laquelle il avait été insensible auparavant.

» Dans des écrits antérieurs, j'ai parlé de cas plus nombreux en physiologie qu'on ne pense, où l'on a attribué, à une *cause* prétendue *active*, des effets qui ne sont que la cessation d'action de causes qui *agissaient d'une manière continue*, mais sans qu'on s'en aperçût. Je renvoie à un article du *Journal des Savants* où j'ai parlé, sous ce rapport, des expériences de Flourens sur l'ablation des canaux semi-circulaires de l'oreille interne, dans lesquelles il attribuait les phénomènes qui se manifestaient à la cause que l'ablation avait dû faire disparaître.

2e NOTE : *Explication de sons articulés, produits dans l'intérieur du corps, dont on peut rapporter la cause au monde extérieur.*

» Cette explication, je l'indique sans la donner aujourd'hui, elle correspond au principe que je fis connaître, en 1833, dans la *Revue des Deux Mondes* : je l'avais formulé dès 1813.

» Je reproduis le principe en ces termes :

» Lorsque l'on tient un pendule, formé d'un fil et d'un corps pesant, » au-dessus d'un objet quelconque *avec la pensée que la présence de cet » objet peut mettre le pendule en mouvement, celui-ci oscille, quoique cette » pensée ne soit pas la volonté qui commanderait le mouvement.* »

» C'est par ce principe que j'ai expliqué les phénomènes si variés, attribués au *pendule explorateur, à la baguette divinatoire et aux tables tournantes.*

» Ce principe, je l'ai étendu, dans un supplément, encore inédit, au livre imprimé chez Mallet-Bachelier en 1854, aux *tables parlantes.*

» Et j'ajoute aujourd'hui que l'EXPLICATION que je donne des *sons non articulés produits dans l'intérieur du corps dont on peut rapporter la cause au monde extérieur* peut s'étendre au cas où l'on croit *percevoir des sons articulés produits dans l'intérieur du ventre*, et que l'explication à laquelle je fais allusion correspond au *principe* publié en 1833, et étendu postérieurement aux *tables parlantes.*

» J'ai été si étonné de voir plusieurs auteurs, qui ont parlé de la cause des mouvements que j'attribue à la *pensée* et non à la *volonté*, chercher à faire croire à leurs lecteurs qu'ils avaient découvert un principe nouveau en s'emparant sans scrupule de mes recherches et en lui donnant un nom nouveau, que je ne publierai l'explication, dont je parle aujourd'hui, que plus tard; curieux de savoir s'ils la trouveront de leur côté, comme ils prétendaient avoir découvert le principe des oscillations du *pendule explorateur, de la baguette divinatoire et des tables tournantes.*

3e NOTE.

» Pour compléter mes écrits composés pendant le siége de Paris, je dois faire mention d'un *opuscule* intitulé :

D'une erreur de raisonnement très-fréquente dans les sciences du ressort de la philosophie naturelle qui concernent le concret, expliquée par les derniers écrits de M. Chevreul.

» L'ouvrage est terminé, mais l'absence de quelques-uns de mes confrères m'oblige à en remettre la publication à leur retour. »

GAUTHIER-VILLARS, IMPRIMEUR-LIBRAIRE DES COMPTES RENDUS DES SÉANCES DE L'ACADÉMIE DES SCIENCES.
Paris. — Rue de Seine-Saint-Germain, 10, près l'Institut.

Institut National de France

Académie des Sciences

Extrait des Comptes Rendus de l'Académie des Sciences
Séance du Lundi 9 Janvier 1871.

Mr Chevreul donne lecture à l'Académie de la déclaration suivante :

« Le jardin des plantes médicinales, fondé à Paris par édit du roi Louis XIII, à la date du mois de Janvier 1626,

» Devenu le Muséum d'Histoire Naturelle par décret de la convention du 10 Juin 1793,

» Fut bombardé,

» Sous le règne de Guillaume 1er roi de Prusse, comte de Bismark chancelier,

» Par l'armée prussienne, dans la nuit du 8 au 9 Janvier 1871.

» Jusque-là il avait été respecté de tous les partis et de tous les pouvoirs nationaux et étrangers.

Paris 9 Janvier 1871.

E. Chevreul. Directeur.

PARIS.—IMPRIMERIE DE GAUTHIER-VILLARS,
Rue de Seine-Saint-Germain, 10, près l'Institut.

— Conserver cette couverture —

à la bibliothèque de la rue de Richelieu
hommage de l'auteur
E. Chevreul

COMPLÉMENT

DES

DISTRACTIONS

D'UN

MEMBRE DE L'ACADÉMIE DES SCIENCES

DE L'INSTITUT DE FRANCE,

DIRECTEUR DU MUSÉUM D'HISTOIRE NATURELLE,

LORSQUE

LE ROI DE PRUSSE GUILLAUME IER ASSIÉGEAIT PARIS,

DE 1870 A 1871.

PARIS
LIBRAIRIE DE FIRMIN DIDOT FRÈRES, FILS ET CIE
IMPRIMEURS DE L'INSTITUT DE FRANCE, RUE JACOB, 56

M DCCC LXXI

COMPLÉMENT

DES

DISTRACTIONS

D'UN

MEMBRE DE L'ACADÉMIE DES SCIENCES

DE L'INSTITUT DE FRANCE,

DIRECTEUR DU MUSÉUM D'HISTOIRE NATURELLE,

LORSQUE

LE ROI DE PRUSSE GUILLAUME Ier ASSIÉGEAIT PARIS,

DE 1870 A 1871.

PARIS

LIBRAIRIE DE FIRMIN DIDOT FRÈRES, FILS ET Cie

IMPRIMEURS DE L'INSTITUT DE FRANCE, RUE JACOB, 56

M DCCC LXXI

INSTITUT DE FRANCE

D'UNE ERREUR
DE
RAISONNEMENT TRÈS-FRÉQUENTE
DANS LES SCIENCES
DU RESSORT
DE LA PHILOSOPHIE NATURELLE QUI CONCERNENT LE CONCRET
EXPLIQUÉE PAR LES DERNIERS ÉCRITS

DE

E. CHEVREUL

(EXTRAIT DU TOME XXXIX, II° PARTIE, DE L'ACADÉMIE DES SCIENCES.)

PARIS
LIBRAIRIE DE FIRMIN DIDOT FRÈRES, FILS ET Cie
IMPRIMEURS DE L'INSTITUT DE FRANCE, RUE JACOB, 56

M DCCC LXXI

[illegible]

[illegible]

[illegible]

[illegible]

[illegible]

[illegible]

[illegible]

[illegible]

[illegible]

[illegible]

[illegible]

INSTITUT DE FRANCE.

D'UNE ERREUR DE RAISONNEMENT TRÈS-FRÉQUENTE DANS LES SCIENCES DU RESSORT DE LA PHILOSOPHIE NATURELLE QUI CONCERNENT LE CONCRET EXPLIQUÉE PAR LES DERNIERS ÉCRITS

DE E. CHEVREUL.

Opuscule présenté à l'Académie par M. Chevreul dans la séance du 17 avril 1871.

PREMIÈRE SECTION.

§ I.

PRINCIPE FONDAMENTAL.

1. J'ai posé en principe que nous ne connaissons les êtres, les choses, le concret, que par leurs attributs, comprenant leurs propriétés, leurs qualités et les rapports mutuels de ces attributs.

Or, chacun de ces attributs étant la partie d'un tout, d'un ensemble, la conséquence est qu'un attribut, en d'autres termes, une propriété, une qualité, un rapport, une relation de propriétés, de qualités, est une *abstraction*.

D'un autre côté, comme un *fait* est ce qui *a été*, ce qui *est*, ce qui *sera*, un fait est ce que nous connaissons bien, en un mot une *réalité*.

Un *fait* est donc une *abstraction ;* et cette *abstraction* est définie *scientifiquement* quand, le fait nous étant parfaitement connu, nous en donnons une définition rigoureuse.

§ II.

APPLICATION A LA GRAMMAIRE.

2. Avant de passer aux applications de ce principe aux sciences, il me paraît indispensable de montrer les relations de ma pensée avec quelques-unes des parties du discours de la grammaire française, afin de prévenir des difficultés tenant aux lacunes qui peuvent exister dans les traités grammaticaux relativement aux définitions du *substantif* et de l'*adjectif*, lacunes qui, si elles n'étaient pas comblées par des explications préalables, rendraient à mes lecteurs ma pensée difficile à comprendre.

SUBSTANTIF.

3. Le substantif ne peut être bien compris qu'en l'examinant relativement au mot *nature* a) et au *nombre* b).

Substantif signifie l'*existence*, un ÊTRE; *personne*, *objet*, *chose*.

a) *Nature.* On distingue deux *catégories d'êtres :*

1° L'*être physique*, le *substantif physique ;* palpable, il parle à nos cinq sens.

Exemples :

Les espèces chimiques;

Les végétaux, les animaux.

2° L'*être métaphysique*, le *substantif métaphysique ;*

En le qualifiant d'impalpable, c'est dire qu'il ne tombe sous aucun de nos sens.

Exemples :

Dieu, âme humaine ;
Archange ;
Ange ;
Diable.

b) *Nombre.*

Un seul être, un seul substantif, est le *substantif propre.*

C'est l'individu dans la famille.

Dans l'espèce chimique, l'individu est représenté par la *molécule* que l'on suppose formée de plusieurs atomes placés à distance d'une manière régulière.

La molécule, trop petite pour tomber sous nos sens, ne nous est connue comme *espèce chimique* affectant nos sens qu'à l'état d'agrégation de molécules semblables.

Deux ou plusieurs êtres, deux ou plusieurs substantifs propres, forment un substantif commun, un *substantif appellatif.*

C'est pour l'homme le nom de la famille.

On peut dire qu'à l'égard de toute espèce animale, l'espèce humaine exceptée, le nom spécifique, qui en réalité est un *nom appellatif*, se confond avec l'individu ou le *substantif propre*, par la raison que l'individu n'a pas de nom propre connu de tous, ainsi que l'a tout individu humain.

Il en est de même des espèces végétales, *à fortiori.*

ADJECTIF.

4. *Attribut, qualité, propriété* d'un être, soit personne, objet ou chose, est un adjectif.

C'est l'ensemble de toutes les *qualités, propriétés* d'un être, d'une personne, d'un objet, d'une chose, qui constitue un *substantif.*

5. Le *mot* qui désigne ce substantif comprend implicitement toutes ses qualités, ses propriétés; nous ne le connaissons que par elles, et par les relations de ses attributs avec d'autres.

En définitive :

6. Un dictionnaire des *substantifs* ne renferme que des *noms propres,* et des noms *appellatifs* exprimant les ensembles des *noms propres relatifs à chaque nom appellatif.*

7. Un dictionnaire d'*adjectifs* ne renferme que des mots *qualificatifs*, dont la définition de chacun d'eux nous fait connaître un *fait,* une *abstraction définie.*

Il est donc vrai de dire que le dictionnaire des *adjectifs* comprend l'ensemble de nos *connaissances simples* ou l'ensemble des *faits simples.*

DES MOTS ABSOLU, RELATIF ET CORRÉLATIF.

8. Il y a dans la langue usuelle trois mots, *absolu*, *relatif* et *corrélatif*, sur lesquels je ne puis me dispenser de faire

quelques remarques qui, ne modifiant en rien le sens que les grammairiens leur attribuent, donnent à ces mots une *précision* tout à fait scientifique.

Absolu, exprime ce qu'on regarde comme existant sans condition, sans relation, comme vrai sans restriction.

Relatif, exprime une relation entre deux ou plusieurs êtres, plusieurs choses, plusieurs attributs ou propriétés.

Corrélatif, exprime deux termes d'une relation si intime entre des personnes, des adverbes, des attributs, des propriétés, que l'un des termes ne peut être défini que par l'autre.

9. Le reproche que je fais aux *Traités de grammaire, de logique, de philosophie,* sinon à tous, du moins au plus grand nombre, c'est de ne s'être pas expliqués complétement sur la valeur de ces mots.

a) Entre des personnes :

Père } *enfants* { *fils.*
Mère }   { *fille.*

Père et mère sont deux expressions corrélatives ; vous ne pouvez définir *père et mère* sans l'expression d'*enfant*, et réciproquement.

b) Entre des adverbes :

Dessus et dessous.

A droite et à gauche.

En avant et en arrière.

c) Entre des ATTRIBUTS. *Propriétés physiques,— chimiques, — organoleptiques.*

Propriétés physiques.

10. Tant que le *magnétisme* et l'*électricité* ont été considérés, le premier comme la propriété d'attirer le fer, et

l'*électricité* comme la propriété d'attirer les corps légers.

Le *magnétisme* et l'*électricité* ainsi définis ont été considérés au point de vue *absolu*.

Mais, lorsqu'on a eu reconnu que les corps qui manifestent la *propriété magnétique* sont dans *deux états différents*, et que l'un des états ne peut être défini que par l'autre état, les *deux états magnétiques sont devenus corrélatifs*.

Ainsi les corps *magnétiques qui sont dans le même état se repoussent*, et *les corps magnétiques qui sont dans des états différents s'attirent*.

Par exemple :

Le *pôle* d'une aiguille de boussole qui se dirige vers le pôle *boréal* de la terre est dit *austral*, et le pôle de l'aiguille qui se dirige vers le pôle *austral* de la terre est dit *boréal*.

Il en est de même des corps électrisés.

Les corps électrisés du même ÉTAT SE REPOUSSENT, *et d'*ÉTAT DIFFÉRENT S'ATTIRENT.

L'un de ces états est dit le *positif* (+) et l'autre le *négatif* (—).

11. Un phénomène remarquable que présentent deux aiguilles aimantées, égales de forme et d'énergie, c'est qu'en les plaçant l'une sur l'autre de manière que les pôles différents se touchent, *les états magnétiques différents sont neutralisés l'un par l'autre*.

Résultat analogue pour des corps mauvais conducteurs de l'électricité, *les états électriques différents se neutralisent mutuellement*.

Propriétés chimiques.

Deux propriétés chimiques, l'*acidité* et l'*alcalinité*, sont dites *corrélatives, parce que les corps doués de l'*ACIDITÉ *s'u-*

*nissent fortement aux corps doués de l'*ALCALINITÉ, et réciproquement.

Lorsque l'action se passe entre des corps doués au plus haut degré de l'*acidité* et de l'*alcalinité*, il existe une proportion de laquelle résulte un composé salin qu'on qualifie de *neutre,* et voici pourquoi : c'est que les acides qui font tourner au *rouge* un réactif tel que la couleur de la violette, tandis que les alcalis font tourner au *vert* ce même réactif, lorsqu'ils sont unis en proportion convenable ne changent plus la couleur de la violette.

On considère de la même manière la *propriété comburante* et la *propriété combustible:* en réalité c'est une affinité mutuelle énergique entre des corps généralement simples, tandis que l'*acidité* et l'*alcalinité*, affinité mutuellement énergique, n'appartiennent qu'à des corps composés.

Propriétés organoleptiques.

12. Deux propriétés organoleptiques, que nous exprimons par les mots *chaud* et *froid,* sont *corrélatives,* parce que l'une ne peut être définie que par l'autre; le premier sens indiquant par rapport à nos organes une température plus élevée que le second.

Mais je ferai remarquer qu'elles ne présentent rien de comparable au phénomène de la *neutralité.* Car le mélange d'un *corps* que nous qualifions de *chaud* avec un *corps* que nous qualifions de *froid,* donne lieu à l'*échauffement du* SECOND et au *refroidissement du* PREMIER.

Voulant prévenir toute objection, je fais observer que les deux corps mêlés sont des solides ou des liquides, qui, après le mélange, restent *solides* ou *liquides.*

2

§. III.

APPLICATIONS GÉNÉRALES A LA DISTINCTION DES SCIENCES DE LA PHILOSOPHIE NATURELLE EN DEUX CATÉGORIES.

13. Jusqu'à l'époque où parut ma distribution des sciences du ressort de la philosophie naturelle (22 *bis*), il est vrai de dire que ces sciences pouvaient être distinguées en deux catégories.

Première catégorie. Sciences ne comprenant que l'étude des propriétés.

Les mathématiques, et la physique (22 *bis*).

Deuxième catégorie. Sciences comprenant l'étude des substantifs physiques propres, tombant sous nos sens.

La chimie;
La minéralogie;
La géologie;
La botanique;
La zoologie;
L'anatomie;
La médecine;
L'agriculture.

PREMIÈRE CATÉGORIE. — SCIENCE DES PROPRIÉTÉS.

I. MATHÉMATIQUES.

14. Elles ne traitent que d'un seul attribut, que d'une seule propriété de la matière, la *grandeur*.

Buffon a dit : *Il n'y a dans les mathématiques que ce que nous y avons mis.*

Poinsot a reproduit la même pensée dans les termes suivants : *Il n'y a dans une formule mathématique que ce qu'on y a mis.*

15. J'ai dit ailleurs que le monde n'a donné au mathématicien que la propriété de l'*étendue,* de la *grandeur*, prise dans la matière, les corps, le concret; et qu'une fois l'*étendue*, la *grandeur*, mesurées dans une matière, le savant, livré à l'étude des mathématiques pures, n'a plus rien à démêler avec le concret.

16. Tous les mathématiciens n'admettent pas les deux propositions que je viens d'énoncer, sans y mettre quelque restriction; et cela ne doit pas étonner, quand il s'agit de généralités qui n'ont pas par elles-mêmes l'évidence d'un *axiome;* car il arrive souvent qu'un dissentiment divise des esprits qui, en définitive, sont *humains.*

17. Pour moi, la proposition de Buffon, que je confonds avec celle de Poinsot, est vraie; mais, en le reconnaissant, je ne donne pas tort aux esprits qui en contestent l'exactitude jusqu'à un certain point; et leur interprétation, à mon sens, exige une discussion pour mettre un terme à un malentendu: aussi est-ce dans l'espoir de la prévenir dorénavant que je vais expliquer ma pensée.

1re *Remarque.*

18. Il est certain que, les mathématiques étant bornées à l'étude d'une seule propriété de la matière, la *grandeur*, dès que vous admettez la possibilité de l'*évaluer avec précision*, par des moyens quelconques, vous reconnaissez que rien ne viendra changer cette évaluation en tant que l'étendue me-

surée restera invariable, parce qu'elle ne sera pas modifiée par toute autre propriété de la matière, telle, par exemple, qu'une différence de températures faisant varier le volume d'un corps.

Maintenant comment définit-on la *grandeur*, l'*étendue mathématique* d'un objet quelconque accessible à nos sens?

Par des conventions purement abstraites; on dit que :

Le *point* est sans étendue ;

La *ligne* une étendue sans largeur ni profondeur ;

La *surface* une étendue sans profondeur;

Et le *solide* une étendue limitée par des plans sans profondeur;

De sorte que le *solide géométrique* est un *fantôme*, pénétrable en tous sens.

Telle est l'image visible que projette dans l'espace un miroir concave sur un des rayons du foyer duquel on a placé un objet matériel, un bouquet par exemple.

En définitive on peut dire sans craindre la contestation que tout dans les mathématiques est l'œuvre de l'esprit humain.

De plus, quand les mathématiciens de toutes les nations, placés au premier rang par leur génie, s'accordent à considérer comme *vrai* un ensemble de propositions, le reste des hommes doivent reconnaître à ces propositions le caractère de la *vérité*, et admettre comme telles les conclusions qui en sont logiquement déduites.

Et le raisonnement que nous venons de faire est incontestable, puisque, depuis qu'une science mathématique existe, l'entendement humain n'a subi aucune modification.

2e *Remarque*.

19. Parmi les personnes qui apportent quelques restric-

tions à la pensée de Buffon, n'en existe-t-il pas dont l'opinion est celle-ci :

Une formule a été donnée à la science pour un cas particulier; après un certain temps, cette formule a un degré de généralité, d'importance scientifique, que l'auteur ne soupçonnait pas; dès lors il y avait donc plus qu'il ne pensait y avoir mis?

Ce cas n'est pas particulier aux mathématiques, il est selon moi général. Plus une découverte est grande, moins l'auteur qui l'a faite ne s'est douté de ses conséquences; aussi pensé-je que le temps est absolument nécessaire pour juger la grandeur d'une découverte, et que la postérité est le véritable juge en dernier ressort du génie des savants.

En cela l'œuvre du génie scientifique diffère de l'œuvre du génie littéraire.

Je ne puis, d'après cette manière de voir, apporter une restriction à la proposition de Buffon.

Il en serait autrement si Buffon avait dit : Il n'y a dans une formule mathématique que ce que l'auteur *a cru* y mettre.

Car, en définitive, ce qui dépasse en vérité dans une formule ce qu'un auteur a su y mettre, *c'est toujours lui qui l'a mis*, et, loin de vouloir abaisser son mérite, en le rehaussant nous ne cesserons pas d'être justes.

3e *Remarque.*

20. Dans le cas où une formule aurait donné un autre résultat que l'auteur s'était proposé, et que cette formule fût exacte, je ne verrais point encore là une restriction apportée à la proposition de Buffon.

Le cas dont je parle ne correspond-il pas à des vues théoriques erronées qui ont conduit à des découvertes réelles dans la science du concret?

C'est l'image du nuage, de la vapeur dite vésiculaire, qui a conduit à la découverte des ballons. Or cette vapeur vésiculaire n'est pas la cause réelle de la légèreté de la Montgolfière, c'est l'air atmosphérique lui-même devenu plus léger par la chaleur.

La théorie électromotrice de deux métaux mis en contact, de Volta, a conduit à la pile. Or aujourd'hui le développement de l'électricité est attribué, non au contact de deux métaux, mais à une action chimique.

21. Mais où est l'argument le plus fort, la raison prépondérante en faveur de la proposition de Buffon? c'est la comparaison faite, d'une part, entre un ensemble de propositions de mathématiques qui se démontrent, parce que l'ensemble des mathématiciens en reconnaissent l'exactitude, et, d'une autre part, les théories relatives aux sciences du concret.

Ces *théories*, comme les *mathématiques*, œuvre de l'esprit de l'homme, ne renferment donc que ce que nous y avons mis; mais, pour peu que ces théories comprennent un certain nombre de faits dépendant de divers attributs du concret, la certitude de la vérité de leurs explications nous manque le plus souvent, et heureux sommes-nous quand nous pouvons considérer la théorie comme plus ou moins probable; nous sommes donc préparés à la voir, sinon renversée, du moins modifiée plus ou moins par les travaux futurs, et cela par deux raisons.

1re *Raison :*

Parce que l'auteur d'une théorie ignorait, à l'époque où il l'a faite, qu'elle n'était exacte que dans certaines limites, et qu'au delà elle cessait de l'être.

1er *Exemple :* la loi de Mariotte que les volumes des gaz sont en raison inverse des pressions qu'ils supportent.

On sait que, quand la pression augmente d'une certaine quantité, la loi cesse d'être exacte.

2e *Exemple :* la dilatation des gaz par la chaleur, qu'on avait crue uniforme, ne l'est pour chaque gaz qu'au-dessus d'une certaine température.

2e *Raison :*

Ne connaissant les corps que par leurs propriétés, la conséquence est que, toutes les fois qu'une de nos théories n'a pas tenu compte, par une raison quelconque, d'une propriété qui intervient dans des phénomènes que nous avons voulu expliquer, la théorie n'est pas exacte.

II. PHYSIQUE.

22. La physique a été définie la science des *propriétés générales,* à une époque où les autres sciences du concret n'existaient pas ou n'étaient qu'au berceau (13).

Les propriétés générales étaient la *pesanteur*, la *solidité*, la *liquidité*, l'état *fluide élastique*. Les propriétés que nous rattachons aux agents nommés *chaleur, lumière, électricité, magnétisme*.

On ne peut donc s'étonner qu'à l'époque dont je parle, où la chimie ne comptait pas comme science spéciale, toutes les *propriétés* de la matière étaient censées *physiques*.

Les *propriétés chimiques* ne purent être nettement distinguées qu'après les travaux de Newton et de François-Étienne Geoffroy, 1717 et 1718.

Les *propriétés organoleptiques* le furent par moi en 1824 (*).

22 *bis*. Dans la *distribution* (et non la *classification*) des sciences du ressort du concret, publiée en 1865 (13), la physique ne fut plus considérée comme une science isolée et absolument distincte des autres sciences du concret.

La proposition générale que le *concret* ne nous est connu que par ses *attributs*, *propriétés*, *qualités*, *rapports mutuels des attributs*, conduisait à cette conclusion que je formulai alors. En effet, la physique ne pouvait plus être isolée des autres sciences du concret, puisque celles-ci en définitive n'ont trait qu'à des propriétés, et que, si on eût voulu accroître le domaine de la physique en raison des progrès des connaissances, elle eût cessé d'avoir des limites, parce que le nombre des propriétés générales devient indéfini pour ainsi dire avec le temps; et je ne dois pas omettre de faire remarquer qu'à ce point de vue le mot *physique*, dérivé de φύσις, serait parfait, puisque la science ainsi nommée embrasserait toutes les propriétés de la matière, comme on le pensait à une époque où la matière brute, les corps, n'étaient connus que par des *propriétés physiques*.

C'est donc en considérant, d'une part, la physique telle qu'elle a été définie anciennement (22), la science des *propriétés générales*, lesquelles n'étaient en réalité que *physiques*, et, d'une autre part, le degré où le progrès a élevé aujourd'hui les sciences du concret, que j'ai distribué les connaissances humaines du ressort de la philosophie naturelle, d'après la

(*) Considérations générales sur l'analyse organique immédiate et sur ses applications; 1824, p. 42 et 43.

double considération de la marche progressive de l'esprit humain dans la connaissance du monde, et sa manière d'étudier les êtres concrets de son ressort. En procédant ainsi, j'ai évité de bouleverser les connaissances humaines en en faisant une classification qui aurait été absolument arbitraire.

23. Quelle place ai-je assignée à la *physique* en distribuant les sciences conformément à la manière de voir que je viens d'avancer?

Je vais le dire.

Voyant que chaque science du concret, comme la physique, la chimie, la géologie, la botanique, la zoologie, l'anatomie et la physiologie, a pour *caractère* une spécialité qui n'appartient qu'à elle, je les ai qualifiées de *sciences pures*, pour les distinguer des sciences naturelles appliquées comprenant la *minéralogie*, la *médecine* et l'*agriculture*.

J'ai vu que la chimie, la botanique, la zoologie, l'anatomie et la physiologie étudient essentiellement l'individu, espèce chimique et espèce vivante, plante et animal, toutes représentées par des êtres concrets.

J'ai vu que ces sciences ont une *partie abstraite*, laquelle, pour les êtres vivants, consiste dans la classification et les connaissances appelées anatomie et physiologie comparées.

Et j'en ai tiré la conséquence que la physique se proposait l'étude d'une *propriété physique* dans l'ensemble des espèces chimiques comprenant les espèces d'origine inorganique et les espèces d'origine organique qui constituent immédiatement les plantes et les animaux, et, étudiant chaque propriété dont elle s'occupe dans une série d'espèces chimiques qui la possèdent, j'ai considéré la *physique* telle qu'elle est définie comme une *partie abstraite* de la chimie, ne s'occupant à la fois que d'une propriété appartenant à des êtres concrets définis par la chimie.

24. Et pour faire comprendre ce que serait une *physique* complète définie à ce point de vue, elle devrait comprendre les *propriétés chimiques* et les *propriétés organoleptiques* considérées au point de vue le plus général.

Mais, à cause de l'étendue des sciences, jusqu'ici les propriétés *chimiques générales* ont été étudiées par des chimistes; par exemple la *Statique chimique* de Berthollet, où l'étude porte principalement sur ces propriétés, a plus de rapport avec la physique qu'avec la chimie proprement dite, restreinte spécialement à l'étude des espèces et à leur définition à l'état de pureté, et non-seulement les propriétés organoleptiques, mais encore les propriétés les plus générales des êtres vivants pourraient être successivement envisagées, chacune en particulier, dans les espèces de plantes et d'animaux qui la possèdent, et c'est à ce point de vue que ce nom de physique, dérivé du mot φύσις, serait complétement justifié, et que dès lors la partie abstraite de la chimie comprendrait, outre l'étude comparative des *propriétés physiques*, celle des *propriétés chimiques* et des *propriétés organoleptiques*.

DEUXIÈME SECTION.

De l'erreur produite dans les sciences par des propositions qui, fondées sur la connaissance de la PARTIE *seulement, sont exprimées avec l'assurance que donnerait la connaissance du* TOUT.

24 *bis*. Si nous cherchons là cause la plus fréquente des erreurs commises dans les sciences du ressort de la philosophie naturelle qui, en dehors des mathématiques, ont le *concret* pour objet, nous la trouverons dans les explications des effets, des phénomènes, données avec l'assurance de connaître toutes les causes concourant à l'accomplissement de ces effets, de ces phénomènes; c'est en définitive de *parler au nom de la* PARTIE *qu'on connaît avec l'assurance que donnerait la connaissance du* TOUT.

CHAPITRE PREMIER.

Des modifications apportées par le temps à la classification des espèces végétales et animales jusqu'à la publication du GENERA PLANTARUM *de Antoine-Laurent de Jussieu en* 1789.

25. L'histoire naturelle a principalement prêté à l'erreur dont je viens de parler : la cause n'est pas difficile à reconnaître, lorsqu'on suit le développement de la science à partir de la plus haute antiquité; ainsi la Genèse, nous repré-

sentant Dieu faisant passer en revue les animaux devant Adam et donnant à chacun d'eux un nom (*substantif propre*), celui de son espèce, témoigne ainsi du besoin qu'avait la société humaine à son berceau de distinguer en espèces les êtres vivants. Ce besoin apparaît d'une manière frappante en voyant combien est grande la ressemblance du cerfeuil sauvage avec la ciguë, et lorsqu'on sait d'ailleurs que le premier est comestible et l'autre vénéneux. Ne déduit-on pas de cette différence la nécessité où se trouve l'homme de distinguer avec certitude l'aliment du poison?

Ainsi l'homme, dans l'intérêt de sa propre conservation, chercha avant tout à distinguer les plantes aussi bien que les animaux divers par des noms propres; et c'est dans les plantes surtout qu'il chercha des remèdes à ses maux.

La recherche de l'utilité immédiate des êtres vivants pour satisfaire aux besoins de l'homme précéda de longtemps l'étude scientifique de leurs espèces qui donna naissance aux sciences botaniques et zoologiques.

26. Ces sciences commencèrent par la *distinction des espèces*, et le nombre de celui-ci augmenta prodigieusement par la curiosité de connaître, curiosité qui est le point de départ de toute science, et que le progrès, loin d'amoindrir, augmente incessamment.

La distinction des espèces donne lieu à la *classification*, et toute classification repose sur des *ressemblances* et sur des *différences*. Mais, dès qu'on parle de classer, il faut distinguer *deux modes de procéder*.

Premier mode.

27. Dans le premier mode de procéder on se propose de reconnaître avec autant de facilité que de promptitude

une espèce donnée, plante ou animal, qu'on ne connaît pas avec certitude.

Pour atteindre le but, on choisit les attributs les plus apparents comme *caractères*.

On fait des groupes divers en réunissant dans chacun d'eux les espèces douées de *un* ou *quelques caractères de* RESSEMBLANCE, puis on distingue les espèces d'un dernier groupe par *un ou quelques caractères différentiels* qui peuvent être qualifiés de *spécifiques*.

Dans cette manière de procéder on choisit pour *caractères* de *ressemblance* et de *différence* les attributs les plus apparents, les plus faciles à reconnaître, et on s'efforce de réduire ces caractères au *moindre nombre possible*.

Les *classifications* produites par ce mode de procéder sont rapportées à la MÉTHODE ARTIFICIELLE.

Deuxième mode.

28. Le but du second mode de procéder n'est pas d'arriver à la détermination du nom de l'espèce par la voie la plus facile et la plus prompte, mais de connaître aussi bien que possible les espèces vivantes dont la classification s'occupe. Cette classification, fondée sur les rapports de ressemblance, se compose de groupes subordonnés entre eux depuis le *groupe-règne*, le plus général de tous, jusqu'au dernier, le *groupe-espèce* qui ne comprend que les individus censés *abstraitement* issus d'un même père et d'une même mère. Les groupes intermédiaires sont : le *groupe-embranchement*, le *groupe-classe*, le *groupe-ordre*, le *groupe-famille* et le *groupe-genre*.

Chacun des groupes intermédiaires est censé renfermer des espèces qui ont plus de rapports mutuels qu'elles n'en ont avec les espèces de tous les autres groupes du même ordre, par exemple :

Le *genre* se compose d'espèces qui ont plus de rapports mutuels qu'elles n'en ont avec les espèces d'aucun autre genre.

La *famille* se compose de genres qui ont plus de rapports de ressemblance qu'avec aucun des genres d'une autre famille.

Les classifications faites conformément au second mode de procéder sont dites émaner de la *méthode naturelle.*

29. On comprendra bien, après cet exposé, la différence de la *méthode naturelle* d'avec la *méthode artificielle.*

a) *Celle-ci* a précédé la première ; son origine date de l'époque où l'on sentit le besoin de distinguer les espèces vivantes les unes des autres dans l'intérêt exclusif de l'application, et l'on se contenta des attributs les plus apparents sans s'inquiéter des rapports mutuels des espèces.

b) La *méthode naturelle* au contraire, toute scientifique, repose sur les rapports mutuels des espèces. Aussi le but qu'elle se propose explique-t-il l'importance qu'elle attache à la prééminence des attributs choisis comme *caractères*, et cette importance même montre la raison des changements que le temps a apportés aux anciennes classifications émanées de la méthode naturelle.

30. Voulant donner une idée exacte de la *méthode naturelle* sans entrer dans les détails, et en employant le moins de phrases possible, j'en parlerai d'après l'ordre chronologique en l'appliquant d'abord à la classification des animaux, puis à celle des végétaux.

§ I.

MÉTHODE NATURELLE.

ARTICLE PREMIER.

De la méthode naturelle appliquée à la zoologie.

31. Tous les zoologistes admirent encore la classification des animaux d'Aristote qui précéda de plus de vingt siècles l'application de la méthode naturelle aux plantes.

Sans prétendre diminuer le mérite du grand philosophe grec, reconnaissons, avant tout, qu'à l'époque où il écrivait, il y avait impossibilité de faire pour les plantes ce qu'il faisait pour les animaux. En effet, dans des sciences telles que la zoologie et la botanique, rien de comparable au secours que le naturaliste trouve dans une *espèce*-TYPE, qui, indépendamment de toute hypothèse, représente une *supériorité de nature*, apparaissant à tous avec le caractère de l'*évidence*, c'est-à-dire, sans qu'un raisonnement soit nécessaire pour la démontrer.

32. L'*homme* présente au *zoologiste* une *espèce*-TYPE qui manque au *botaniste*.

Comme l'homme, il y a des animaux qui ont un squelette ; ce sont les *vertébrés*, comprenant les *mammifères*, les *oiseaux*, les *reptiles* et les *poissons ;* tous ont le sang rouge.

Comme l'homme, les *mammifères* ont des mamelles et le sang chaud, et de tous les animaux ils se rapprochent le plus de lui.

Les oiseaux sont ovipares, et, comme les mammifères, leur sang est chaud.

Les reptiles et les poissons, presque tous ovipares, ont le sang froid, c'est-à-dire que, si leur température n'est pas celle du milieu où ils vivent, elle en diffère peu.

Ces quatre classes font le premier embranchement des animaux sous la dénomination de *vertébrés*.

Cuvier comprend les autres classes dans trois embranchements, les *mollusques*, les *articulés* et les *rayonnés*.

33. Il suffit de rappeler ces faits de ressemblances et de différences entre l'homme et les animaux pour s'expliquer comment un génie de l'ordre d'Aristote, en se livrant à l'anatomie telle qu'elle était possible de son temps et dans la Grèce, a pu faire, à l'aide de la simple observation dirigée par la méthode comparative sur les organes de l'homme et des animaux, les rapprochements les plus heureux, formuler des généralités vraies sous la forme concise de l'aphorisme, réunir les animaux en des groupes si naturels que les naturalistes modernes ont payé un tribut d'admiration à son génie, et que des savants du premier ordre, Cuvier et de Blainville, l'ont proclamé promoteur de la *méthode naturelle en zoologie*.

ARTICLE 2.

De la méthode naturelle appliquée en botanique.

34. Si l'application de la *méthode naturelle* à la classification des espèces végétales ne date que du XVIIIe siècle, reconnaissons-en la cause, dans l'absence du *type*-ESPÈCE

végétale. Effectivement, c'est parce que le *type*-ESPÈCE *animale* existe dans l'homme, qu'Aristote a pu faire des groupes généraux naturels correspondant aux groupes : classe, ordre et même famille, tandis que Antoine-Laurent de Jussieu, publiant son *Genera plantarum*, vingt-neuf ans après les *Familles naturelles* d'Adanson, n'a pu donner aux groupes supérieurs à ses familles des caractères comparables en certitude et en précision à ceux qu'il avait attribués à ses familles. J'en ai fait la remarque dès 1825 (*), et Adrien de Jussieu a confirmé mon opinion dans ses *Éléments de botanique* publiés en 1844.

35. Mais l'auteur du *Genera plantarum* a eu un mérite incontestable reconnu des juges les plus compétents, et qui le distingue absolument d'Adanson : c'est l'introduction dans les sciences naturelles du principe *de la* VALEUR RESPECTIVE DE PRÉÉMINENCE *des attributs choisis comme* CARACTÈRES. Adanson établissait ses familles par le *nombre des attributs semblables*, tandis que Antoine-Laurent de Jussieu déduisait la *valeur respective de prééminence* de la *constance* plus ou moins grande des attributs dans les végétaux. Ainsi le meilleur caractère, selon lui, est *le moins variable*.

Ne nous préoccupons pas maintenant de la *difficulté du choix*, nous y reviendrons plus loin (37, 38, 39, 97); disons que le principe de l'auteur du *Genera plantarum* n'a pu être conçu que par un homme de génie, et que son introduction dans la science a été une cause puissante du progrès non-seulement pour la *classification des plantes*, mais encore

(*) *Journal des Savants*, 1825, pages 496, 533, 611.

pour *celle des animaux*, ainsi que Cuvier l'a reconnu dès l'origine et que plus tard tous les zoologistes ont professé la même opinion.

36. A cette occasion, je ferai remarquer à mes lecteurs combien une véritable découverte, faite dans une science, peut avoir d'influence sur les progrès de certaines autres. Ainsi la *méthode naturelle appliquée à la zoologie* a, par le fait, dans le traité *des Animaux* d'Aristote, précédé de longtemps la *méthode naturelle appliquée à la botanique*, et cependant nous venons de voir, d'après les juges les plus compétents, que, telle que Antoine-Laurent de Jussieu a conçu cette dernière application, les vues du botaniste du XVIIIe siècle ont contribué à perfectionner l'usage de la méthode naturelle en zoologie, et conséquemment à aider au progrès de l'histoire des animaux telle que l'avait conçue le génie d'Aristote.

§ II.

MODIFICATIONS APPORTÉES PAR LE TEMPS A LA MÉTHODE NATURELLE DEPUIS LA PUBLICATION DU *GENERA PLANTARUM* (1789).

ARTICLE PREMIER.

Modifications apportées à la méthode naturelle en botanique.

37. Certes, si le principe de la prééminence de la valeur des attributs choisis comme caractères d'après leur plus grande constance est excellent en soi, comme nous l'avons reconnu, le choix en est difficile dans l'application, surtout

à l'égard des sciences progressives. Reconnaissons encore qu'à l'époque où l'auteur du *Genera plantarum* travaillait à son œuvre, l'expérience était pour ainsi dire étrangère aux classifications des espèces vivantes, l'observation se bornait pour ainsi dire au sens de la vue, le contrôle prescrit par la *méthode* A POSTERIORI *expérimentale* n'était pas explicitement de rigueur dans des sciences qualifiées de *descriptives*, et reconnaissons enfin que dès lors le nombre des attributs à choisir était bien plus limité qu'il ne l'est devenu progressivement à mesure qu'on étudie les êtres vivants au point de vue de l'*anatomie* et de la *physiologie* et que plus tard ils le furent relativement à la composition chimique des principes immédiats constituant leurs organes.

38. La cause des modifications ne vient pas seulement de l'intervention de ces sciences, mais encore du progrès même de la botanique pure. La valeur de certains attributs fut modifiée, et par la connaissance de nouvelles espèces de plantes, et par une connaissance plus approfondie des anciennes.

J'ai cité dans le livre de la *Méthode à posteriori expérimentale* le fait remarquable d'une famille d'Adanson qui, démembrée par A.-L. de Jussieu, modifiée par Robert Brown et Auguste de Saint-Hilaire, a été plus tard ramenée presque à ce qu'elle était dans le livre d'Adanson.

39. En définitive, la cause de ces changements, de ces fluctuations si fréquentes dans les classifications des espèces végétales, quoique censées émanées de la *méthode naturelle*, tient à ce qu'on ne connaît pas tous les attributs qu'il faudrait connaître[1], et que les attributs qu'on connaît ne le sont qu'imparfaitement; dès lors, dans l'état actuel de nos

connaissances, nous ne pouvons être certain d'avoir établi une *classification naturelle des espèces végétales absolument exacte, exempte qu'elle serait de toute modification produite par les progrès ultérieurs de la science.* En conséquence, malgré tout ce que nous avons dit de la supériorité de la méthode naturelle relativement aux classifications artificielles, malgré l'excellence de la direction donnée aux études botaniques par cette méthode, on peut dire, sans s'exposer au reproche de la méconnaître, qu'elle est une méthode artificielle perfectionnée à l'égard de la *méthode naturelle absolue.* Je reviendrai plus loin sur ce sujet (104).

40. Si l'on trouvait la conclusion que je viens d'exprimer trop sévère, je donnerais pour excuse les difficultés que présente l'étude de la botanique, lesquelles sont étrangères à la science proprement dite, puisqu'elles résultent des changements incessants de classification, qui ont pour conséquence de changer les noms et d'augmenter le nombre des synonymes, c'est-à-dire des noms qu'une seule espèce de plante a porté depuis qu'elle a été inscrite dans un livre de botanique; or chaque nom d'espèce est double, puisqu'il comprend le nom du genre et celui de l'espèce depuis Linné, et ce qui favorise le changement fait au nom de la science, c'est qu'à la suite du nom scientifique l'auteur du changement y associe son nom.

ARTICLE 2.

Modifications apportées à la méthode naturelle en zoologie.

41. Parlons maintenant de l'application de la *méthode naturelle à la zoologie*, en tenant compte des notions aussi

variées que nombreuses, et si satisfaisantes en même temps eu égard à la certitude que lui fournissent l'anatomie et la physiologie, et rappelons que tout l'avantage de ces notions vient de l'accord des zoologistes sur les caractères des groupes généraux de la classification des espèces animales. Cet accord explique comment l'histoire de la zoologie ne présente rien de comparable à la révolution opérée en botanique par la substitution de la méthode naturelle à la méthode artificielle, et pourquoi la marche que je suivrai dans ce que je dirai de l'application de la méthode aux espèces animales, différera de la manière dont j'ai parlé de son application à la classification des espèces végétales.

42. L'antiquité grecque nous a montré, dans Aristote, l'auteur de l'ouvrage le plus remarquable sur les *Animaux ;* il a fait sentir la nécessité de les étudier au point de vue de la structure et des fonctions de leurs organes, et ses successeurs les plus distingués ont suivi son exemple. Parmi les plus dignes, je citerai Galien qui vécut au IIe siècle de l'ère chrétienne; dans un véritable traité de la physiologie philosophique de l'homme, *de Usu partium*, il a donné un bel exemple de la manière dont il faut envisager l'étude des animaux, et son œuvre et celle d'Aristote présentent un ensemble de vues si élevées qu'on ne peut refuser à leurs auteurs d'avoir eu conscience de la *méthode naturelle* dans leurs recherches sur l'homme et les animaux, puisqu'en définitive les véritables fondements sur lesquels elle repose sont les principes mêmes qu'ils ont développés dans des écrits qu'on lira toujours et qu'on ne peut trop louer.

De Usu partium, de Galien.

43. La pensée-mère du traité de Galien, *de Usu partium*, est éminemment philosophique, car rien ne satisfait plus l'esprit scientifique que la facilité avec laquelle il se rend un compte précis et clair de l'usage des organes d'un être vivant, et comment les différents organes dont il se compose concourent à l'accomplissement des actes variés nécessaires au maintien de la vie. Après cette étude faite du corps humain, rien n'agrandit plus les idées que la recherche comparative des analogies et des différences que les organes de même nom présentent dans les diverses espèces d'animaux, faite avec l'intention de s'expliquer la raison des modifications d'un même organe chez des animaux organisés pour vivre dans des conditions différentes.

44. Si cette étude est plus restreinte chez les végétaux, puisqu'ils sont privés de la *locomotion*, l'usage de leurs organes divers, nécessaires à l'accomplissement de la vie du végétal, n'en est pas moins une étude indispensable, les diverses espèces de plantes vivant dans des conditions qui sont loin d'être les mêmes, et il ne sera pas inutile de faire remarquer qu'en leur appliquant l'étude *de Usu partium* on est conduit à une conclusion qui ne doit jamais être perdue de vue lorsqu'on envisage leurs attributs relativement à leur constance pour en évaluer la prééminence respective, puisque les mêmes organes appartenant à des plantes destinées à vivre dans des conditions différentes, doivent être appropriés à ces conditions, et dès lors on doit tenir compte de cette nécessité dans l'étude dont je parle.

CHAPITRE 2.

Examen de deux hypothèses relativement à la méthode naturelle.

45. Personne n'ayant mis en doute l'utilité des sciences anatomique et physiologique pour connaître les animaux et les classer, je me borne à la citation de deux hommes de génie, qui, dans l'antiquité, ont professé la nécessité de ces sciences pour l'histoire naturelle de l'homme et des animaux.

46. Mais, à la fin du XVIIIe siècle et dans la première moitié de celui-ci, des hypothèses ont été avancées comme des théories nouvelles, avec une grande assurance de la part de leurs auteurs, et l'intention de changer absolument la direction des sciences zoologiques; à la vérité, ils ont gardé le silence sur ce que leur manière de penser peut avoir d'opposé à la méthode naturelle; or, selon moi, elles sont non-seulement contraires à son esprit, mais nuisibles encore au progrès des sciences zoologiques indépendamment de la classification des espèces. Voilà des motifs suffisants qui me déterminent non à parler de toutes, mais à montrer comment deux d'entre elles justifient mon opinion.

47. La première est celle de Geoffroy Saint-Hilaire, connue sous le nom de l'*unité de composition ;* je l'examinerai telle qu'il l'a formulée comme embrassant tout le règne animal; car la restreindre, avec quelques personnes, à l'embranchement des vertébrés, c'est une opinion absolument différente de celle que l'auteur a soutenue jusqu'à sa mort.

48. La seconde, l'*hypothèse du progrès*, qui, comme je

l'ai fait remarquer, n'est au fond que l'idée professée pour les métaux par un grand nombre d'alchimistes, et résumée dans l'expression de *métaux* IMPARFAITS et de *métaux* PARFAITS, avec l'idée d'amener les premiers à l'état des seconds au moyen de l'*art alchimique*.

49. Je montrerai la conséquence de ces hypothèses relativement à la classification des espèces animales.

ARTICLE PREMIER.

I. *Unité de composition*.

50. Il serait exagéré de dire que le *principe* prétendu de l'*unité de composition* est *diamétralement* opposé à celui de l'*aptitude des organes à remplir le rôle auquel il est destiné dans l'économie de l'être dont il fait partie,* mais incontestablement ces deux principes émanent de manières de voir fort différentes. Le second, en parfait accord avec l'harmonie, telle que Platon l'admirait dans l'animal, et tout à fait conforme aux *causes finales,* diffère absolument de l'*unité de composition*, car, d'après ce prétendu principe, tous les animaux, indépendamment des conditions où ils sont appelés à vivre, indépendamment de la diversité de leurs formes respectives, seraient constitués d'après un *type unique*. Les savants partisans de cette hypothèse sont fatalement entraînés à chercher des analogies entre les animaux les plus différents, et à fermer les yeux sur des différences qui frappent les regards les moins attentifs. Cette disposition d'esprit est, on doit le dire, diamétralement opposée à la pratique de la *méthode* A POSTERIORI *expérimentale*, dont la règle

prescrit d'expliquer le rôle de chaque organe dans un être vivant indépendamment de toute idée *à priori*.

51. Effectivement, l'*unité de composition* a dépassé toutes les suppositions qu'il est permis de faire sérieusement dans une science.

Comment assimiler au même type un *vertébré* et un *invertébré?*

Comment trouver un vertébré dans un mollusque, un articulé, un radiaire, une éponge?

Est-il scientifique surtout quand on met en avant l'importance de la *connexion des organes*, principe si intimement lié à celui de l'*aptitude des organes aux fonctions qu'ils doivent remplir*, de dire qu'un crustacé, dont le *têt*, le *squelette*, est *extérieur*, posé le dos sur la terre de manière que ses yeux voient le ciel, est un vertébré?

52. En critiquant l'hypothèse de l'*unité de composition*, je combats l'esprit téméraire et absolu avec lequel on l'a avancée et soutenue, par conséquent ma critique ne tombe pas sur les analogies que l'on peut découvrir dans le squelette des vertébrés; elle ne tombe pas sur le principe de l'*arrêt de développement*, sur le principe des organes à l'*état rudimentaire*, ni même sur le *principe* des *connexions*. Aussi vais-je dire comment ces principes me paraissent utiles toutes les fois que, dans les applications qu'on en fait, la logique ne peut avouer que des conclusions légitimes.

53. Le principe de l'*arrêt de développement* est incontestable à mon sens, quand il s'agit d'expliquer des *monstruosités;* et, à cet égard, j'en ai trouvé, en tout temps, l'application excellente; mais, quand il s'agit de le faire intervenir dans des questions relatives à l'*unité de composition* à l'égard

d'espèces considérées à l'état normal parfait, je le repousse absolument. Par exemple, il existe des *mollusques acéphales* et des *mollusques pourvus d'une tête*. Eh bien! je n'admettrai jamais que ceux-ci ne diffèrent des premiers que par un *arrêt de développement*. Comment prouver, en effet, que les acéphales qui se multiplient comme tous les autres mollusques, en conservant leurs caractères spécifiques, en vivant dans les mêmes circonstances, seraient des êtres imparfaits, incomplets, relativement aux mollusques pourvus d'une tête? Comment comprendre un état incomplet d'organisation qui permettrait la multiplication de cet état indéfiniment? C'est ce que je ne puis admettre.

54. J'exprime d'autant plus volontiers ma pensée à ce sujet, que je la rappellerai en parlant de l'hypothèse du *progrès attribué aux espèces, et même aux tissus des espèces animales*.

A mon sens, l'idée de l'espèce est complète pour tout être qui reproduit la forme de ses ascendants dans l'espace et dans le temps, en d'autres termes, qui, après avoir reproduit sa forme dans ses descendants immédiats, a transmis à ceux-ci la faculté de la reproduire identiquement dans les circonstances où les ascendants ont reçu eux-mêmes cette faculté, et j'ajoute comme complément du fait, la croissance de l'individu jusqu'à l'époque où il reproduit sa forme spécifique, et son affaiblissement plus ou moins rapide jusqu'à sa mort après qu'il a eu perpétué lui-même sa forme originelle.

55. Maintenant comment expliquerait-on le *fait* de l'existence, sur le bord de la mer, de parties circonscrites où vivent des dizaines, des centaines d'espèces différentes depuis des siècles, lesquelles conservent invariablement cette forme spécifique? Évidemment, pour que, dans des circonstances

identiques, des formes spécifiques se conservent et ne tendent pas à revenir à un prétendu type primitif, il y a une difficulté si grande que, si la *méthode* A POSTERIORI *expérimentale* négligeait de la prendre en considération, elle serait infidèle à son principe.

56. On a fait dans la science des observations fort justes et susceptibles de donner lieu à des vues philosophiques, lorsqu'elles sont formulées en termes précis tels que l'exige la *méthode* A POSTERIORI *expérimentale*. Telle est l'observation relative à l'état de développement fort différent d'un même organe chez diverses espèces animales, qu'on a exprimée en disant que l'organe peu développé est *rudimentaire* dans une espèce à l'égard de l'organe de même nom qui l'est davantage dans une autre espèce; ainsi on a dit que le *ligament cervical,* fort développé chez l'animal destiné à paître l'herbe des prairies, est chez l'homme à l'état *rudimentaire.*

Un tissu jaune élastique domine dans le ligament cervical sur un tissu susceptible de se transformer en gélatine sous l'influence de l'eau bouillante, et j'ajoute, d'après ma propre expérience, qu'après la séparation de la gélatine, le tissu élastique a conservé son élasticité, et conséquemment ne s'est pas durci à la manière d'un tissu à fibre musculaire.

Le rôle du ligament cervical, bien plus puissant chez l'herbivore que chez l'homme, s'explique par la considération suivante :

L'herbivore, en inclinant sa tête vers la terre pour paître l'herbe, opère la tension du ligament essentiellement élastique, et, lorsque le besoin de la faim est satisfait, l'élasticité du ligament ramène la tête à la position où elle a le plus de stabilité.

Le peu de variation de la tête de l'homme, eu égard aux

épaules, n'exigeant pas les efforts du cou de l'herbivore pour qu'elle soit ramenée à l'état normal, on s'explique ainsi d'une manière satisfaisante l'état rudimentaire du ligament cervical de l'homme.

57. J'admets l'expression de *rudimentaire* à la condition explicite qu'elle ne sera pas donnée comme synonyme d'*inutile*, parce que je ne puis reconnaître dans un être vivant comme superflu ou inutile un organe que nous trouvons dans tous les individus bien constitués d'une même espèce animale, et, dans le cas où la science ne saurait pas actuellement se rendre compte de l'usage de l'organe, je ne doute pas qu'elle l'apprendrait plus tard. Je me garderais donc de dire, en suivant la continuité des idées, que le *principe* qu'on rattache à l'expression d'*organe à l'état rudimentaire*, a pour conséquence le *principe de l'arrêt de développement.*

58. Geoffroy Saint-Hilaire a attribué une importance majeure à un *principe* qu'il nomme *des connexions* en le définissant ainsi: « Un *organe est plutôt diminué, effacé, anéanti,* « *que transposé.* Ce principe est invariable. »

J'en reconnais la justesse en beaucoup de cas, et je n'hésite pas à y rapporter la dépendance des os du squelette des vertébrés. Tout en n'admettant pas comme absolue la proposition de Cuvier, il est possible avec *un seul os donné de reconstituer le squelette entier dont cet os faisait partie.* Et certes Cuvier, en professant cette opinion, faisait allusion implicitement à la grande découverte de sa vie, *la reconstitution de ces espèces perdues dont les os sont en partie épars dans les couches de la terre.* Et en rappelant pour les gens du monde le raisonnement de Zadig, il achevait de leur rendre implicitement sa découverte familière ainsi qu'aux simples lettrés. Mais, sans vouloir critiquer le grand naturaliste, reconnaissons que, si la reconstruction d'un squelette n'est pas toujours possible avec un *seul os*, elle le devient avec *quelques-uns*.

59. S'il est incontestable que le *principe des connexions* peut être invoqué avantageusement pour déterminer un organe avec certitude par le fait de sa connexion avec un autre, il est des cas où il serait, je pense, téméraire de le faire.

D'une autre part, n'y aurait-il pas erreur à repousser l'existence d'un système circulatoire par la raison que le système correspondant au système veineux ne serait pas symétrique quant à la forme avec le système artériel?

60. En vérité, quand on professe l'*unité de composition*, proposition si hypothétique, c'est abuser de la tolérance des esprits les plus libéraux en fait de science, surtout quand on traite ses adversaires d'*esprits antiphilosophiques* ou d'*esprits rétrogrades*.

ARTICLE 2.

Hypothèse du progrès pour les espèces animales et les tissus de leurs organes,
et
De l'anatomie transcendante.

61. Je rappelle ce que j'ai dit ailleurs en examinant les deux volumes publiés par Isidore-Geoffroy Saint-Hilaire :

C'est que, de 1820 à 1830, et surtout dans les années suivantes, le mot de *progrès* était devenu inséparable de tout objet qu'on regardait comme susceptible de recevoir une modification qui ajoutait à sa qualité, à sa perfection.

Où le mot *progrès* parut avec éclat dans la science, ce fut en *embryologie* et en *organogénésie*, en d'autres termes dans l'histoire du développement des animaux; c'est conformément à cette manière de voir que l'*anatomie transcendante* devint la science nouvelle du progrès.

62. Quel était, au fond, la doctrine du progrès en *anatomie* dite *transcendante*?

C'est qu'on n'y comptait qu'un type complet de l'*animal*, l'HOMME;

Et autant d'organismes principaux qu'on distinguait de classes d'animaux.

Serres comptait l'organisme de l'infusoire;

L'organisme du radiaire;

L'organisme de l'articulé;

L'organisme du mollusque;

L'organisme du poisson;

L'organisme du reptile;

L'organisme de l'oiseau;

L'organisme du mammifère;

Enfin l'organisme de l'homme.

63. On a dit quelquefois que l'homme est l'ensemble des organismes des classes de la série animale, et peut-être trouverait-on dans les écrits de Serres quelques phrases qui donneraient lieu de croire que telle était son opinion. Mais ce serait une erreur; la vérité est qu'il pensait que le fœtus de l'homme dans l'utérus de la mère avait revêtu SUCCESSIVEMENT les *formes embryonnaires* de la série animale, et que le fœtus de l'homme sorti de l'utérus était l'animal parfait ou complet eu égard aux organismes.

Quant à tous les animaux inférieurs à l'homme, Serres les

considérait comme des embryons frappés d'un arrêt de développement à un âge d'autant plus avancé qu'ils étaient plus près de l'homme dans la série des organismes.

La conclusion finale de Serres est celle-ci :

L'organogénie humaine est une anatomie comparée TRANSITOIRE, *comme à son tour l'anatomie comparée est l'*ÉTAT FIXE ET PERMANENT *de l'organogénie de l'homme* (*).

64. Voyons la conséquence déduite de l'*anatomie transcendante* relativement à la question de l'*espèce* en zoologie :

Il n'y a réellement en zoologie qu'une seule espèce d'*animal,* c'est l'*homme.*

Le reste des animaux sont des êtres, et il est même logique de dire, des *hommes imparfaits, incomplets,* par la raison qu'ils ne sont pas venus *à terme,* ce qu'on explique, dit-on, scientifiquement par le principe de l'*arrêt de développement.*

Ainsi, c'est dans l'utérus de la femme que s'accomplit cette merveilleuse organogénésie dévoilée par l'anatomie transcendante !

L'homme commence par être un fœtus d'infusoire, puis un fœtus de radiaire, d'articulé, de mollusque, de poisson, de reptile, d'oiseau, de mammifère, enfin de fœtus humain, état final où il sort de l'utérus de la femme !

65. Je n'aperçois qu'une conséquence satisfaisante à cette théorie, c'est qu'évidemment l'homme ne peut sortir d'un utérus de quadrumane, soit dit en passant, et que dès lors l'*hypothèse du progrès est incompatible avec l'homme issu du singe.* Peut-être cette conséquence que je tire fera-t-elle

---

(*) *Précis d'anatomie transcendante appliquée à la physiologie,* par Serres (1842), p. 40.

que quelque esprit en tirera la conséquence, que par là même l'*hypothèse soutenue* par l'anatomie transcendante est fausse; car, à mon sens, la fausseté du jugement apparaît plus dans la science que partout ailleurs.

66. L'histoire de l'*anatomie transcendante* est, selon moi, d'une grande importance relativement à l'histoire des sciences du concret; l'*anatomie*, science proprement dite, sans autre qualification que son étymologie, que la valeur qu'on lui attribue universellement, a toujours été considérée comme ce qu'il y a de plus positif dans les connaissances relatives aux êtres vivants et surtout à celles du ressort de la médecine. A la vérité, en devenant *anatomie comparée*, elle a pris un caractère plus scientifique, mais aussi quelques esprits téméraires, et il faut en convenir parfois ignorants, ont franchi les limites de la science sérieuse, et telle est bien l'origine de l'*anatomie* dite *transcendante*. C'est surtout en déduisant des conclusions rigoureusement de ses prétendus *principes*, qu'on arrive à saisir l'extravagance de la manière de voir que je critique.

67. L'*anatomie transcendante* montre clairement où conduit l'*abstraction réalisée*. S'il est vrai de dire avec les esprits les plus rigoureux : il n'y a que des *individus* dans la nature vivante, c'est-à-dire des *êtres concrets*, ajoutez avec moi, ces individus ne nous sont connus que par des *attributs;* attributs qui sont des *faits*, et faits qui sont des *abstractions* (1).

Mais ces *abstractions*, ne les réalisons pas, car, résultat de notre pur entendement, elles ont été séparées par lui du concret.

68. Les *organismes* sont bien les bases de l'*anatomie*

transcendante, puisqu'on les indique comme attributs, comme *formes* d'êtres concrets, en disant l'embryon de l'infusoire, l'embryon du radiaire, etc., eh bien ! ces *formes*, simples attributs, sont des *abstractions* à deux égards ; d'abord comme *simple attribut* d'un ensemble, et ensuite parce que les expressions d'*embryon de l'infusoire*, d'*embryon du radiaire*, etc., ne s'appliquent pas à l'embryon d'un être concret représentant une espèce, mais bien à une *forme-type*, imaginée pour représenter l'ensemble des types de chaque espèce d'infusoire, de radiaire, etc., etc. J'ai donc eu deux raisons de considérer les *organismes* de Serres comme des *abstractions réalisées*, comme de *véritables entités* (80).

69. Les organismes sont-ils définis de manière que l'esprit se les représente nettement? Ma réponse est négative, et mes motifs se trouvent dans les passages suivants du *Précis de l'anatomie transcendante*.

Serres distingue deux états dans la manière dont les organismes se présentent à l'observateur, l'état d'*association* et l'état de *pénétration*.

Dans le *premier*, ils conservent une indépendance qui en altère peu la composition. La *fibre musculaire*, dont les associations multipliées constituent les muscles divers, n'éprouve aucune altération dans ses caractères; il en est de même du *système nerveux* et en grande partie du *système osseux*.

Dans le *second état*, celui de *pénétration*, les éléments perdent une partie de leurs caractères, ils se fondent les uns dans les autres en quelque sorte : « Ainsi, en se pénétrant, « les vertèbres sacrées de l'homme perdent quelques-uns « des caractères des vertèbres lombaires qui les avoisinent. « Les vertèbres cervicales des cétacés sont dans le même

« cas : *c'est en quelque sorte le sacrum des autres mammi-* « *fères qui se transporte à la région du cou.* »

Est-ce conforme au principe des connexions (58) ? L'auteur ne s'explique pas. Je continue la citation :

« Or, l'association et la pénétration étant les deux procé- « dés générateurs de la forme des organes, il suit encore « que les variations de cette dernière, quelque diversifiées « qu'elles soient, ne porteront qu'une atteinte légère à la « nature ou à l'essence de l'organisme ainsi combiné ; l'a- « nalogie restera au fond, quoique la superficie ou la forme « puisse se diversifier de mille manières. »

« . . . .

« D'où l'on voit que, en organogénie, l'élément constitutif « des organismes est l'*essentiel;* tandis que la *forme* n'est « que l'accessoire (*). »

Ces citations textuelles montrent ce qu'il y a de vague quand il s'agira de prononcer sur des *organismes produits par pénétration*, puisque la *forme n'est que l'accessoire,* et qu'on n'indique aucun moyen physique ou chimique de distinguer ce qui est pénétré : d'où la conséquence qu'il sera toujours facile de répondre aux objections.

70. Passons maintenant à la définition de l'*organite,* et je cite textuellement :

« L'association a donc pour résultat de grouper les *élé-* « *ments constitutifs des organismes*, et pour effet de les « réunir d'abord en petits faisceaux distincts concourant à « remplir une action commune et indépendante; c'est un

(*) Serres, *Précis*, pages 77 et 78.

« diminutif d'organe qui suffit à lui-même lorsqu'il est isolé, « et qui participe solidairement à la fonction quand il est « réuni à d'autres congénères. Nous désignerons sous le « nom d'*organite cette agrégation des éléments des orga-* « *nismes.* Quelques exemples feront apprécier cette distinc- « tion devenue indispensable dans l'état présent de l'orga- « nogénie comparée. La vertèbre est composée primitive- « ment de quatre noyaux osseux, deux pour les masses « latérales, deux pour le corps; l'occiput en a huit, le sphé- « noïde douze; *chacun de ces noyaux considéré à part est* « *un organite* (*).... »

71. On voit dans le même alinéa l'*organite* défini une *agrégation* d'éléments d'organismes, et quelques lignes plus bas des noyaux osseux considérés chacun à part comme un *organite.*

Cet exemple, présentant deux définitions différentes d'un nom nouveau à quelques lignes d'intervalle, montre que l'auteur de l'*Anatomie transcendante* attache peu d'importance à ses définitions, et dès lors combien il lui sera facile d'échapper à une critique approfondie, puisqu'en définitive il pourra opposer à une définition attaquée une définition différente donnée par lui-même.

72. La difficulté de se représenter nettement des *organismes pénétrés*, parce que la FORME *est accessoire*, et dont on n'indique pas de reconnaître l'ESSENTIEL *qui est l'élément constitutif*, l'*organite*, qui signifie l'*organite isolé* et des *organites agrégés,* montre combien les définitions qui se rattachent à la base même de cette science prétendue *transcen-*

(*) *Précis d'anatomie transcendante,* page 83.

dante sont peu satisfaisantes. La critique précédente explique combien il y a loin de ce que l'anatomie transcendante donne comme *principes*, comme *lois*, des propositions auxquelles une science sérieuse applique les mêmes expressions, par la raison que, lorsque ces *principes*, ces *lois*, ne sont pas démontrées par le calcul, elles le sont par des expériences exactes, ou par des raisonnements rigoureux.

73. L'hypothèse *du progrès* n'a pas été appliquée seulement aux espèces animales; elle l'a été encore aux tissus mêmes, parties constituantes de leurs organes.

Le *tissu cellulaire*, qui se réduit en gélatine dans l'eau bouillante, était le tissu du *premier âge*, et le *nerveux* le *tissu parfait*.

74. L'exagération d'un prétendu *principe* ne dépasse-t-elle pas ici tout ce qu'on peut imaginer? En effet, plus l'animal a de facultés délicates, et plus ses organes sont multipliés, et en outre variés quant au nombre et à la proportion des tissus qui les constituent. Le tissu cellulaire est aussi nécessaire que le tissu musculaire contractile, que le tissu élastique jaune et que le tissu nerveux encore.

75. Je demande au physiologiste livré à l'étude des phénomènes les plus complexes de l'être vivant, ce qu'il pense d'une science *anatomique* qui, se qualifiant de *transcendante*, considère les tissus, abstraction faite de leur disposition dans un être vivant, et qui, à son insu, ne croyant ne les considérer qu'en eux-mêmes, a égard en réalité à l'importance qu'elle leur attribue dans les fonctions de la vie; car, à ses yeux, l'importance du tissu nerveux vient de l'importance qu'elle attribue au système nerveux y compris le cerveau. Mais ce système nerveux n'intervient pas seul dans les phénomènes

de la vie. Le physiologiste sait que, sans parler de la constitution chimique des organes, l'animal ne pourrait vivre sans tissu cellulaire, sans tissu élastique, sans fibre contractile, sans nerf moteur et sans nerf sensible. En reconnaissant la complication des organes, comment qualifier de *transcendante* une anatomie établissant une *hiérarchie* de tissus dont l'ensemble est indispensable à l'accomplissement des phénomènes les plus complexes de la vie?

76. De même qu'il y a des *connexions certaines dans l'espace,* comme je l'ai dit en parlant des relations mutuelles des os (58), il existe des *connexions certaines dans le temps :* les premières sont la *contiguïté simultanée ;* les secondes sont la contiguïté *successive.* J'ai parlé du principe des connexions eu égard au temps sous la dénomination de *principe de l'état antérieur et de principe de l'état ultérieur,* précisément en examinant l'*anatomie transcendante* de Serres appliquée à l'étude anatomique de *Ritta-Christina;* eh bien, à ce point de vue, conformément à ces principes, je ne puis admettre la succession des formes embryonnaires dans la constitution du fœtus humain, et conséquemment dans la constitution des fœtus qui ne présenteraient même que deux formes d'organisme selon Serres.

77. Quel est le principe de l'état antérieur pour la formation d'un embryon? Je dis formation et non fécondation d'un germe, parce que j'admets l'*épigénésie* et non la *préexistence des germes;* en cela je partage l'opinion de Serres.

Je réponds : c'est un *ovule* donné par la femelle et un *liquide spermatique* donné par le mâle.

Parce qu'il n'existe qu'un *animal complet*, l'HOMME selon Serres ; et que le reste des animaux sont des embryons ou fœtus frappés d'un arrêt de développement, il faut que tous les embryons soient formés de la matière mâle et de la matière femelle de l'infusoire.

78. En réfléchissant à l'immense variété des formes spécifiques animales, à la reproduction fidèle de chaque espèce, à ce fait qu'un grand nombre de ces espèces se perpétuent avec leurs caractères différentiels dans des circonstances identiques, je ne puis admettre que les différences de grandeur, de formes et d'organes, sous lesquelles se présentent les animaux, ainsi que les différences de nature chimique existant entre les solides et les liquides qui les constituent, soient sans influence sur la formation des *organismes*, de manière que l'évolution successive de ces organismes dans un même embryon appartenant aux classes supérieures et à celle de l'infusoire, serait alors absolument en dehors des *principes de l'état antérieur et de l'état ultérieur*, conclusion qui, à mon sens, serait admettre un effet sans cause.

Effectivement, comment admettre que l'embryon de l'infusoire, considéré comme représentant le plus simple organisme, qui n'est pas vertébré, produit par un liquide nourricier *froid* et *incolore,* sera reproduit je ne dis pas seulement par les radiaires, les articulés et les mollusques, mais encore par les vertébrés, tous animaux à sang coloré par des globules rouges, mais sang, *froid* dans les poissons et les reptiles, et *chaud* dans les oiseaux et les mammifères?

79. Si, pour répondre à la question que j'élève, on disait que dans le *petit,* sorti vivant du ventre de sa mère, comme l'*enfant,* le liquide qui a nourri le fœtus pendant les phases diverses des organismes a éprouvé successivement des modifications chimiques telles qu'il a été successivement liquide

nourricier de l'infusoire, du radiaire, jusqu'à ce qu'enfin il est devenu sang humain; et si l'on ajoutait que la même succession de changements dans le liquide nourricier de l'embryon qui sort de la femelle sous la forme d'œuf se produit hors du corps de la mère :

Je demanderais si de telles réponses sont satisfaisantes; si elles s'accordent avec ce qu'on sait de la composition des liqueurs spermatiques, de leurs spermatozoaires, des globules du sang dans les vertébrés eu égard aux classes, aux ordres, aux familles, aux genres, et surtout aux espèces. Je demanderais si ce qu'on sait à cet égard n'est pas opposé à de telles allégations, s'il n'est pas en contradiction avec une expression définie sans hypothèse pour chaque cas particulier conformément *aux principes de l'état antérieur et de l'état ultérieur,* qui ne sont en définitive que l'expression *d'un effet déterminé rapporté à sa cause immédiate.*

80. De telles assertions venant à la suite des définitions que j'ai citées des *organismes* (68) ne peuvent être admises comme des vérités par une science sérieuse, et, examinées de près, elles en sont la critique la plus formelle, et je résume en définitive dans les termes suivants ce qu'est un *organisme* de Serres envisagé à la manière dont j'envisage les éléments des connaissances humaines.

Un *organisme spécial*, c'est-à-dire celui d'une espèce animale, est une *abstraction*, parce que c'est une *forme*, et qu'une *forme* est un des attributs d'un être concret qui en comprend un grand nombre.

A cet égard, la *forme* séparée d'un ensemble d'attributs est une *abstraction*, et cette *forme* exactement définie par la science devient un *fait scientifique*.

Mais un *organisme* donné par Serres comme représentant une classe n'est plus une *abstraction définie par la science.*

C'est une *forme idéale* dont l'hypothèse a fait un type, et dès lors, en la considérant comme *type*, ce type imaginaire devient une *abstraction réalisée*, une *entité* (68).

81. *L'anatomie transcendante*, examinée au fond et au point de vue scientifique le plus élevé, dit-on, indépendamment d'observations exactes plus ou moins intéressantes qui peuvent avoir été faites, par des anatomistes du mérite de Serres, n'a aucun des caractères d'une science précise, composée de principes parfaitement définis, au moyen desquels on peut expliquer des observations qui seraient de nature à s'y rapporter.

Car, lorsqu'on approfondit les *propositions générales* avancées par cette prétendue science, on n'en trouve aucune qui puisse être admise d'un ensemble d'esprits sérieux comme *principe scientifique incontestable*, parce que, échappant à toute démonstration, elle est d'ailleurs contraire à toute doctrine chimique.

Ces *expressions*, que l'on considère comme les plus générales, et dit-on les plus abstraites, sont vagues et aboutissent presque toujours définitivement à des *opinions anciennes* appartenant à la méthode *à priori* dont le temps a fait justice. Eh bien! le rapprochement de ces *propositions* vagues et d'observations qui semblent y être conformes a enfanté des théories ou plutôt des hypothèses en dehors de toute démonstration.

ARTICLE 3.

L'organogénésie professée par l'auteur de l'Anatomie transcendante ne s'accorde pas avec l'unité de composition sur tous les points.

82. Y a-t-il opposition entre l'*unité de composition* et l'*hypothèse du progrès* que nous venons d'examiner, relativement à la manière dont les espèces s'organisent et à la constitution de leurs tissus?

De fait, je ne connais que ce que j'ai dit de cette opposition, en examinant l'*unité de composition* dans des articles du *Journal des Savants* (*) ; et cette opposition, sans être *diamétrale*, puisque Geoffroy, auteur de l'hypothèse de l'*unité de composition*, et Serres, son ami, soutenant l'*hypothèse du progrès*, se sont de tout temps considérés comme les défenseurs et les propagateurs des mêmes doctrines zoologiques; mais quoique, à ma connaissance, ces deux doctrines n'aient été mises en opposition que par moi, je n'hésite point à déclarer qu'elles sont incompatibles l'une avec l'autre.

83. Tous les travaux zoologiques de Geoffroy, qui ne sont pas anatomiques, se rattachent à la distinction des espèces. S'il admet leurs modifications par le milieu où elles vivent, il reconnaît leur existence comme *espèces*, telles qu'elles se présentent à l'observateur dans des individus bien constitués,

(*) Juillet 1864, page 407, et particulièrement page 415.

et cherche les attributs les plus constants et les plus propres à servir de *caractère* pour les distinguer les unes des autres et les classer.

S'il a admis la variabilité de l'espèce, trop grande à mon sens, sous l'influence du milieu où elle se trouve, il a toujours admis, sinon explicitement, du moins implicitement, la transmission de la forme spécifique de l'ascendant au descendant, et, dans l'étude de la classification des animaux, il a procédé à l'instar de Lamark, Cuvier, de Blainville, etc.

84. A la vérité, Geoffroy n'ayant parlé, comme zoologiste, que des espèces de l'embranchement des vertébrés, c'est à eux principalement qu'il a appliqué son hypothèse de l'*unité de composition*.

Mais la preuve qu'il étendait son hypothèse aux invertébrés se trouve dans la singulière idée qu'il eut d'avancer qu'un crustacé mis sur le dos, de manière à voir le ciel, ne différait pas des vertébrés.

Ainsi, je le répète, sentant plus que personne la difficulté de ramener un *invertébré* à la composition d'un *vertébré*, il cherchait tous les moyens de trouver en eux des organes analogues à ceux d'un vertébré.

85. Une différence, grande encore, entre l'*unité de composition*, telle que l'a soutenue Geoffroy, et la *théorie du progrès*, exposée par Serres dans son *Précis d'anatomie transcendante*, c'est la conséquence relative à l'existence même de l'*espèce zoologique* qui est fort différente dans l'une et l'autre hypothèse.

86. Quoi que Geoffroy ait pensé de la grandeur de l'influence du milieu sur l'espèce pour en faire varier les attributs, ces espèces existent, quelle que soit l'époque où on les

examine. Elles sont étudiées dans leurs attributs pour être classées; et, formées sur un même plan, toutes doivent présenter sinon la totalité des organes, du moins les principaux, et les présenter conformément au principe des connexions. Chaque espèce, conformément à ce que j'ai dit (54), offre donc à l'observation, durant les différentes phases de sa vie, les mêmes phénomènes, c'est-à-dire des changements de forme dans ses organes depuis le développement de l'embryon jusqu'à l'état où l'animal est capable de reproduire sa forme (*).

D'où cette conséquence, admise par tous les naturalistes, botanistes et zoologistes, que les *formes* qui se reproduisent d'une manière constante dans une succession de temps sinon indéfinie, du moins dans une durée dont nous ne pouvons assigner ni le commencement ni la fin, doivent être considérées comme représentant autant d'espèces, et il est impossible à ma connaissance de citer une phrase des écrits de Geoffroy Saint-Hilaire qui soit contraire à cette proposition.

87. Maintenant la proposition de Serres relativement aux espèces zoologiques est tout à fait contraire à celle que je viens de déduire de l'hypothèse de l'*unité de composition*.

Puisque Serres n'admettant qu'une ESPÈCE COMPLÈTE,

(*) Et à ce sujet je ferai remarquer que la plupart des changements ne sont pas des *transformations chimiques* d'un tissu en un autre, ou une *transmutation*, comme on l'a souvent dit, mais, selon moi, ils résultent de la disparition d'un organe dont la matière nourrit un autre organe plus vivant que lui.

l'*homme*, ce que nous appelons espèces animales, l'homme excepté bien entendu, sont, selon lui, non des êtres finis, mais seulement des *organismes* en voie de développement pour aboutir à l'homme, et qui, frappés par un arrêt de développement, présentent des images d'organismes qui ne sont pas venus à terme ; d'où il suit qu'il est impossible de trouver des vertébrés dans des infusoires, des radiaires, des articulés, et des mollusques, d'où il suit que tous les animaux étant incomplets, on ne peut dire qu'ils sont la représentation d'un *type unique*, et dès lors sont condamnés à jamais ces *analogies*, ces *moyens* auxquels recourt Geoffroy pour trouver un vertébré dans un crustacé mis sur le dos (51, 84, 90).

88. Voilà la conséquence d'un raisonnement rigoureux à l'appui d'une proposition tout *à priori*, et comment, de l'idée abstraite du mot *organisme*, vous parvenez à réaliser une abstraction pour en revêtir cette fois un être concret, c'est-à-dire des individus supposés identiques, dont un ou deux représentent l'espèce.

89. Expliquons maintenant comment Geoffroy et Serres ont pu, leur vie entière, croire qu'ils soutenaient une même doctrine, l'*unité de composition* : c'est que Geoffroy était *zoologiste*, mais non *anatomiste* disséquant, et que Serres était *anatomiste disséquant* des plus habiles avec une imagination méridionale portée par vocation à l'observation de la structure des organes, et avant tout ceux du corps humain, mais qu'il n'était aucunement *zoologiste* disposé à examiner les espèces animales dans l'intégrité de leurs attributs extérieurs et moraux, et dans les fonctions de leurs organes au point de vue de la physiologie chimique.

C'est ainsi que deux esprits distingués, doués de vocations scientifiques fort différentes, sont, chacun de son côté, en *prenant une partie pour le tout,* arrivés à une même conclusion, sans se rendre compte que, dans des parties qu'ils jugeaient accessoires, il y avait des incompatibilités réelles de doctrine.

90. L'*unité de composition* était l'idée fixe de Geoffroy Saint-Hilaire : il n'y a qu'un *type-animal* commun à toutes les espèces du règne. Il pensait l'avoir démontré pour les vertébrés ; quant aux invertébrés, il fallait, pour en mettre l'existence en évidence, recourir à des *procédés*, à des *analogies*, fruits du raisonnement, et ce qu'il avait dit du crustacé posé à terre sur le dos donne un exemple de ce qu'il entendait par ces *procédés* (51, 84).

91. Serres, n'admettant qu'une seule espèce d'*animal*, l'HOMME, formulait une proposition qui, en apparence, était conforme à l'unité de composition, parce qu'en définitive les formes animales autres que l'homme étaient des formes humaines arrêtées dans leur développement.

Voilà la cause de l'accord des deux savants.

92. Mais le désaccord aurait eu lieu du moment où Serres eût déclaré qu'il refusait le titre d'espèces à tous les animaux qui ne sont pas l'homme, puisqu'en définitive, dans sa manière de considérer la vie utérine de l'embryon humain, les animaux autres que l'homme n'étaient que des êtres incomplets dont chacun montrait la forme du dernier organisme qu'il avait affecté dans la vie utérine ou dans l'œuf duquel il était sorti ; en un mot, êtres imparfaits, incomplets fœtus d'homme nés avant terme, à cause de cette imperfection, de cette organisation incomplète, ils ne pou-

vaient représenter un *type-animal*, puisque l'idée de TYPE est celle de quelque chose de parfaitement DÉFINI, de complet dans sa nature.

Évidemment, en résumé, la doctrine de Serres, si doctrine il y a, repoussant tous les animaux autres que l'homme du TYPE-ANIMAL, il en résulte que chercher un *type-espèce* dans des états transitoires est une chimère ; c'est donc en cela qu'il y a désaccord entre son hypothèse et l'*unité de composition*.

TROISIÈME SECTION

Explication des modifications apportées par le temps à la méthode naturelle.

93. On ne comprendra bien l'explication que je vais donner des modifications apportées par le temps à la *méthode naturelle* qu'après la définition d'un LIVRE dont le titre serait : *Histoire naturelle des espèces végétales et des espèces animales*, que je supposerai contenir tous les faits concernant l'histoire de chaque espèce vivante que l'homme est capable de connaître.

94. En effet, pour expliquer la variation des opinions scientifiques qui, coordonnées originairement par cette *méthode* préconisée comme *naturelle*, auraient semblé devoir être à l'abri de toute variation, il faut recourir à une critique fondée sur l'étude de la manière dont l'esprit humain procède pour connaître la nature des objets du monde extérieur sur lesquels il fixe son attention.

95. La proposition générale à laquelle je suis arrivé, c'est que *nous ne connaissons les êtres concrets* (SUBSTANTIFS PROPRES 3) *que par leurs attributs* (ADJECTIFS 4), *comprenant les propriétés, les rapports de ces propriétés entre elles.*

Connaître aussi parfaitement un être concret que cela est possible à l'homme, serait de savoir tous ses attributs.

D'où la conséquence, qu'un livre intitulé : *Histoire naturelle des espèces végétales et des espèces animales*, ne serait parfait qu'à la condition de *renfermer tout ce qu'il est possible de connaître des attributs de chacune des espèces des êtres vivants, plantes et animaux.*

96. La proposition générale et incontestable que je viens de rappeler (1) me permettra d'expliquer les modifications apportées par le temps à la méthode naturelle, en examinant successivement les trois sujets suivants :

§ I. *Donner la cause de ce que la méthode naturelle dans l'état actuel de nos connaissances laisse à désirer pour être parfaite.*

§ II. *Exposer le complément de l'explication de la différence existant entre la méthode naturelle et la méthode artificielle.*

§ III. *Montrer que la méthode naturelle, arrivée à la perfection où l'homme peut la porter, ne serait point le* LIVRE *dont j'ai parlé sous le titre d'*HISTOIRE NATURELLE DES ESPÈCES VÉGÉTALES ET DES ESPÈCES ANIMALES, *supposé* PARFAIT, *parce que l'homme serait parvenu à connaître tous les attributs* de chacune de ces *espèces qu'il lui est donné de connaître.*

§ I.

CAUSE DE CE QUE LA MÉTHODE NATURELLE, DANS L'ÉTAT ACTUEL DE NOS CONNAISSANCES, LAISSE A DÉSIRER POUR ÊTRE PARFAITE.

97. Nous l'avons vu, le but de la *méthode naturelle* est de classer les espèces vivantes d'après leurs rapports de plus grande ressemblance mutuelle.

Et, pour y parvenir, elle a cherché à distinguer les attributs dont l'importance, la prééminence sur les autres, est la plus grande possible, parce que ces attributs semblent devoir en entraîner d'autres qui sont comme des conséquences des premiers.

98. Nous avons vu que Antoine-Laurent de Jussieu a fait résider la prééminence dans la constance de la forme qu'affecte l'attribut à l'égard de chaque espèce qui le possède; et je n'ai pas dissimulé la difficulté d'apprécier cette prééminence avec quelque certitude, surtout quand on est loin de connaître tous les attributs (35).

Sans revenir sur ces difficultés (37, 38, 39), je rappellerai la cause de celle qui naît d'un même organe à différents états de développement dans des espèces diverses, parce que, dans les unes, l'organe se trouve à l'état qu'on a appelé *rudimentaire*, et cette circonstance se présente principalement chez les animaux; exemple : le ligament cervical (56).

99. En définitive, c'est faute de connaître le *tout* qu'il est difficile de choisir les attributs d'après leur valeur respective, lorsque tous ces attributs ne sont pas connus; et de cette difficulté naissent les variations que le temps apporte à des classifications émanées pourtant de la *méthode naturelle*.

§ II.

COMPLÉMENT DE L'EXPLICATION DE LA DIFFÉRENCE EXISTANT ENTRE *LA MÉTHODE NATURELLE ET LA MÉTHODE ARTIFICIELLE.*

100. Si la *méthode naturelle* n'est pas toute la science *botanique* et *zoologique*, elle constitue une grande partie de la

botanique et de la *zoologie*. Je dis qu'elle n'est pas toute la science botanique et zoologique, parce qu'en définitive elle ne prétend pas avoir la connaissance de tous les attributs de chaque espèce des plantes et des animaux qu'elle veut classer d'après le *principe de leur plus grande ressemblance mutuelle*. Le but qu'elle se propose est de donner au naturaliste le moyen de reconnaître d'une manière certaine le *nom* d'une espèce de plante ou d'animal qu'il verrait pour la première fois conformément à ce même principe.

101. Sous le rapport de la détermination du *nom*, le but de la *méthode naturelle* est le même que celui de la *méthode artificielle ;* mais celle-ci, sans prétention à la science, se propose d'y arriver le plus promptement possible au moyen des caractères les plus faciles à saisir et en moindre nombre.

J'ajouterai que la *méthode dichotome* est la méthode artificielle par excellence, en ce qu'elle donne le moyen d'arriver au nom, en offrant successivement à l'observation deux noms de plantes dont un seul possède un attribut que l'autre ne possède pas : c'est donc ainsi que par exclusion on arrive au *nom* cherché.

102. La méthode naturelle est si éminemment scientifique qu'elle s'imposera comme classification des matières au livre dont j'ai parlé sous le titre de l'*Histoire naturelle des espèces végétales et des espèces animales*. Mais il me reste à compléter ma pensée de faire concevoir comment la méthode naturelle sera réalisée, lorsque toutes les connaissances concernant les espèces vivantes que l'homme peut avoir seront à sa disposition, et comment on satisfera à la condition de faire deux œuvres distinctes : la *méthode naturelle* et l'*his-*

toire des espèces vivantes, sans tomber dans le vice de raisonnement appelé *pétition de principe*.

§ III.

EXPLICATION DE LA DIFFÉRENCE EXISTANTE ENTRE LA *MÉTHODE NATURELLE* ET UN LIVRE INTITULÉ *HISTOIRE NATURELLE DES ESPÈCES VÉGÉTALES ET DES ESPÈCES ANIMALES*.

103. La *méthode naturelle* pour les espèces végétales, imaginée longtemps après la *méthode artificielle*, a donc eu dans l'origine le même but, celui de trouver le *nom* d'une plante donnée avec la prétention de ne prendre en considération que des attributs reconnus par un examen préalable pour des *caractères* de ressemblance et de différence qui la place comme espèce dans un genre formé d'espèces douées de plus de ressemblance mutuelle qu'elles n'en ont avec les espèces d'aucun autre genre.

104. Mais, par les raisons qu'à aucune époque du passé et du présent on n'a pu connaître *tous* les attributs d'une espèce, et que, parmi ceux qu'on connaît, il y en a que l'on ne connaît pas parfaitement; enfin, qu'il existe des espèces tout à fait inconnues dont la connaissance future des attributs pourra modifier la place qu'on a donnée aux espèces actuellement classées, il est nécessaire de présenter la *conséquence* d'un tel état de choses : c'est qu'on ne peut être certain d'avoir *une classification des plantes conformément à la méthode naturelle* ABSOLUE *qu'à la condition de connaître toutes*

les espèces de plantes et tous les attributs qu'il est donné à l'homme de connaître.

Dès lors, ne connaissant que la *partie* au lieu du *tout*, nos classifications éprouvent incessamment des modifications à mesure que s'étend le domaine de nos connaissances.

105. Dans cet état de choses, la *méthode naturelle* ABSOLUE ne peut être réalisée.

Voyons maintenant :

1° Comment elle pourrait l'être;

2° Comment, une fois établie, elle ne serait pas l'*histoire naturelle des espèces végétales;*

3° Pourquoi les deux propositions précédentes ne donnent pas lieu à une *pétition de principe.*

PREMIÈRE PROPOSITION.

106. *On ne pourrait avoir une méthode naturelle* ABSOLUE *qu'à la condition de connaître toutes les espèces qu'il s'agit de classer, et tous les attributs qu'il est donné à l'homme de connaître.*

La première proposition est évidente d'après tout ce qui précède.

DEUXIÈME PROPOSITION.

107. *Comment se ferait-il que la connaissance de toutes les espèces et de tous les attributs qu'il est donné à l'homme de connaître ne se confondrait point avec la* MÉTHODE NATURELLE?

C'est que la *méthode naturelle*, faisant un choix des *attri-*

buts d'après leur prééminence respective, ne *comprend que ces attributs choisis et non tous*, pour arriver au but de *déterminer le nom* d'une plante donnée.

En outre, que l'*histoire naturelle des espèces végétales* comprend à l'article de chacune d'elles l'exposé de *tous ses attributs*.

TROISIÈME PROPOSITION.

108. *Dans la supposition que je fais, il n'y a pas de pétition de principe.*

En effet, les botanistes proprement dits ne prétendent pas à la connaissance de tous les attributs des plantes qu'ils classent; loin de là, ils établissent non *des espèces*, mais *des genres, des familles*, sur quelques individus qui leur sont apportés d'un lieu quelconque.

En un mot, le botaniste, livré à la recherche naturelle, ne fixe son attention que sur les seuls attributs qu'il juge nécessaires à sa classification.

109. Maintenant, les savants qui s'occupent des plantes au point de vue de la culture, y compris l'horticulture, la sylviculture et l'agriculture, et au point de vue de l'anatomie, de la physiologie, des arts, de la médecine, recueillent des faits qui sont, sinon tous, du moins le plus grand nombre, du domaine principal de l'histoire naturelle des espèces. Ces faits peuvent être découverts et décrits indépendamment de la méthode naturelle.

Eh bien ! c'est du concours de toutes ces recherches, toutes compatibles les unes avec les autres, en ce sens que les botanistes s'occupent de la méthode naturelle, sans que les savants que j'ai nommés après eux s'inquiètent des recherches des botanistes, que le domaine des connaissances s'étend, et que les botanistes proprement dits peuvent, en profitant des recherches de ces savants, perfectionner la méthode naturelle.

J'ai donc eu raison de dire que toutes les recherches profitent à la science, et que mes allégations sont à l'abri des reproches d'une *pétition de principe*.

110. Les considérations précédentes sont applicables, quant à la conclusion finale, à la méthode naturelle appliquée à la zoologie, et à une histoire naturelle des espèces animales, en tenant compte de la distinction que j'ai faite entre les espèces végétales et les espèces animales, à savoir : que les changements de classification pour ces dernières ne portent pas sur les groupes les plus généraux, tandis que actuellement pour les espèces végétales ils portent principalement sur les familles et les genres, les connaissances relatives aux groupes supérieurs au groupe-famille ne présentant encore que peu de certitude (34).

QUATRIÈME SECTION.

Raison pour laquelle les espèces chimiques ne se prêtent pas à une classification comparable à celle des espèces vivantes.

111. L'histoire des espèces chimiques est fort différente de celle des espèces vivantes.

Elle se compose : 1° de la connaissance d'attributs ou de propriétés que ces espèces possèdent, quand on les étudie à l'état d'isolement sans qu'elles éprouvent d'altération, parce que après l'observation elles sont ce qu'elles étaient auparavant; 2° de propriétés qui ont été plus ou moins profondément modifiées.

112. Les espèces chimiques, étudiées au point de vue de leurs *propriétés physiques*, offrent un exemple du premier cas.

Si, sous l'influence de la chaleur, de la lumière, elles se fondent, se vaporisent, elles reviennent à leur premier état quand elles sont replacées dans les conditions où elles se trouvaient auparavant. En un mot, la nature de l'espèce n'a point été altérée; et, sous ce rapport, cette étude est analogue à celle du botaniste et du zoologiste qui se livrent à la recherche des attributs des espèces vivantes.

113. L'étude des *propriétés physiques* est la moins étendue, la moins spéciale à laquelle se prêtent les espèces chimiques,

lorsqu'on se propose de connaître tous leurs attributs; car le nombre de leurs *propriétés* dites *chimiques*, parce qu'à la chimie seule il appartient de les connaître, est vraiment illimité, et tous les jours les espèces les plus anciennement connues en présentent de nouvelles à l'expérience.

114. L'étude des espèces vivantes ne présente rien d'analogue à celle qui a trait à la connaissance des *propriétés chimiques*, par la raison que l'espèce chimique, soumise à la dernière étude, celle du second cas, perd toujours son individualité en se combinant avec une autre, ou peut subir une altération profonde dans sa composition si elle est de nature complexe.

115. L'espèce chimique perd son individualité en s'unissant à une ou plusieurs autres espèces, comme je viens de le dire; elle n'a pas pour cela cessé d'exister, mais ses propriétés sont plus ou moins modifiées par la combinaison, puisque ce composé est le produit de plusieurs espèces. Dès lors, les propriétés de la combinaison sont une résultante des propriétés de plusieurs et non plus d'une seule espèce.

116. Les modifications sont les moindres possibles quand les espèces mêmes n'ont pas de propriétés énergiques, comme l'*acidité* et l'*alcalinité :* par exemple le chlorure de sodium, le sucre, qualifiés de corps neutres, dissous dans l'eau, séparément bien entendu, communiquent au liquide, l'un la saveur salée, et l'autre la saveur sucrée que nous leur connaissons. En outre, on peut les séparer de l'eau avec leurs propriétés premières.

117. Il est des cas où des espèces chimiques ont des propriétés énergiques, telles que les acides et les alcalis, caustiques; ils communiquent leur énergie spéciale à l'eau, mais

un acide s'unissant avec un alcali, se neutralisent mutuellement sans que les deux espèces soient détruites; car il est possible de les isoler et de les obtenir avec leurs propriétés premières (11).

118. Il est des cas où des composés se réduisent à leurs éléments. Les exemples les plus simples sont la décomposition de l'oxyde d'or par la lumière; on obtient alors le métal à l'état solide, et l'oxygène à l'état gazeux. La chaleur produit le même effet sur les oxydes d'or, d'argent, de mercure, etc.; il en est de même de l'électricité.

119. Les actions chimiques donnent lieu à des phénomènes passagers les plus remarquables; il suffit de citer la combustion du bois, des charbons, des huiles, des carbures d'hydrogène solides et gazeux, qui nous donnent de la chaleur et de la lumière.

Tout le monde sait aujourd'hui que les deux électricités qui arrivent dans un corps poreux aussi réfractaire que possible, donnent une lumière dont l'éclat est comparable au soleil.

120. *En résumé :*

L'histoire des espèces chimiques ne comprend pas seulement celle de leurs *propriétés physiques*, mais encore l'histoire de leurs *propriétés chimiques*, et, pour ne rien omettre, celle de leurs *propriétés organoleptiques* même, c'est-à-dire, les propriétés qu'elles manifestent quand elles font partie d'un être vivant, ou qu'elles agissent sur lui d'une manière quelconque.

L'histoire des *propriétés chimiques* comprend non-seulement celles de l'espèce, mais toutes celles qu'elle manifeste quand elle est unie avec d'autres, ou encore qu'elle se sépare de composés dont elle fait partie.

Enfin, les phénomènes passagers qui apparaissent pendant la combinaison des espèces, ou pendant la décomposition des composés chimiques, sont encore du domaine de leur histoire.

121. L'histoire des espèces chimiques est donc bien différente de celle des espèces vivantes; et l'état de choses que je viens de signaler explique sans difficulté pourquoi rien de correspondant à la méthode naturelle n'a pu s'établir d'une manière permanente dans leur histoire. Évidemment l'étude à laquelle elles donnent lieu correspond au travail concernant le LIVRE dont j'ai parlé sous la dénomination d'*histoire naturelle des espèces végétales et des espèces animales*, comme distinct de la *méthode naturelle des espèces végétales et des espèces animales* (103 à 107), parce que dans l'*histoire des espèces chimiques, comme dans l'histoire des espèces végétales et des espèces animales,* le but est de réunir tous les faits afférant à la connaissance des espèces, et non de choisir des attributs destinés à leur classification.

CINQUIÈME SECTION.

Résumé de l'opuscule.

122. Cet opuscule, complément de mes écrits antérieurs sur la méthode naturelle (*), échappera, je l'espère, à une critique qui reprocherait à l'auteur de s'être livré à des considérations communes et connues de tous, ou à des considérations vagues en dehors de toute application par le défaut de précision de leur expression.

Peut-être même qu'une attention bienveillante me saura gré d'avoir montré clairement et d'une manière précise une différence réelle entre les sciences de la philosophie naturelle d'après un ordre de vues tout à fait différentes des classifications où on les a réparties conformément à des définitions telles que la plupart des sciences relatives à ces définitions, manquant de limites distinctes qui devraient circonscrire le domaine de chacune d'elles, protestent bien haut par là même contre le vague d'expressions données pour des *définitions* précises.

123. La clarté de mes vues tient à la vérité du *principe*, base de tous mes écrits sur les généralités des sciences, que nous ne connaissons le *concret* que par l'*abstrait ;* le *substantif propre* que par l'*adjectif ;* le *corps* que par ses *propriétés*, ses *qualités*, en un mot par ses *attributs* (1, 4, 5).

(*) Voir, page 73, la liste de ces écrits.

124. Les sciences n'étudient que des propriétés;

125. Les *mathématiques pures* n'en étudient qu'une seule, la *grandeur* (14).

126. La *physique* étudie les *propriétés* qu'on dit *générales*.

Chacune d'elles l'est dans une série de corps qui la possèdent, sans préoccupation des autres propriétés que les corps peuvent avoir (22).

Par le fait, la *physique*, telle qu'elle est circonscrite actuellement, n'étudie que des *propriétés physiques ;* mais rationnellement et conformément à son étymologie φύσις, son domaine pourrait s'étendre aux *propriétés chimiques* et aux *propriétés organoleptiques* (24).

Elle pourrait étudier de la même manière les propriétés générales des êtres vivants.

Une cause limite donc cette science à l'étude des *propriétés chimiques ;* et cette cause non rationnelle,

L'IMPERFECTION DE L'ESPRIT HUMAIN,

en restreint le domaine à l'étude des *propriétés physiques*.

Et c'est parce que la chimie, science pure, étudie seule les *propriétés chimiques* dans l'ensemble des propriétés que les corps possèdent à l'état d'*espèce chimique*, exempte de toute matière étrangère à sa composition, que le chimiste en étudie les *propriétés chimiques générales* à l'instar du physicien livré à l'étude des *propriétés physiques ;* et à plus forte raison en est-il de même des attributs appartenant aux êtres vivants. Ils sont étudiés surtout par des botanistes, des zoologistes, des anatomistes, des physiologistes, des agronomes et des médecins.

Voilà des idées claires, positives, expliquant la raison de ce qui *est*, de la *réalité*, du *fait*, et pourquoi ce qui *est* dans le moment actuel, diffère de ce qui *pourrait être* rationnellement parlant.

C'est un exemple qu'il faut joindre à plus d'une proposition, avancée au nom du *rationalisme*, dans la conversation et les livres, qui pourrait être vraie si notre esprit n'était pas aussi imparfait, ou si nos connaissances actuelles ne laissaient pas tant à désirer.

127. La chimie étudie chaque espèce chimique en elle-même au point de vue du *concret;* elle veut connaître toutes les propriétés qu'elle possède, et ces propriétés sont *physiques, chimiques* et *organoleptiques,* elle n'en exclut aucune ; loin de là, ajouter plus de précision à la connaissance d'un attribut, lui donner de l'extension, compte parmi les découvertes, aussi bien que celle d'un attribut nouveau.

128. Si la botanique et la zoologie, au point de vue de la science pure depuis la fin du XVIIIe siècle, n'ont guère été étudiées qu'eu égard à la *méthode naturelle*, ce serait une grande erreur de penser que l'histoire de cette méthode a suivi les mêmes phases et pour la botanique, et pour la zoologie: telle est la raison de l'insistance que j'ai mise en tout temps sur la diversité de ce développement, selon qu'il s'est agi des animaux ou des plantes, et de mon empressement à donner immédiatement la raison de cette diversité par le fait qu'en zoologie l'homme est un terme de comparaison entre les animaux, au moyen duquel, il y a vingt siècles, Aristote a pu les distinguer en groupes supérieurs, conformes à l'esprit de la méthode naturelle. C'est faute d'un type analogue pour les plantes, que l'application de la

méthode naturelle à leur classification en familles, en genres et en espèces, ne date guère que du XVIIIe siècle.

129. Ces faits rappelés, on voit avec quelle facilité j'ai pu montrer comment la botanique et la zoologie n'ont guère été jusqu'ici pour les naturalistes *purs* que la classification des espèces d'après la méthode naturelle, dont le but principal est la recherche d'attributs susceptibles de servir de *caractères*, et non la recherche de *tous* indistinctement, que comporte la connaissance complète de chaque espèce.

Différence frappante entre la *méthode naturelle*, appliquée à la classification des *espèces vivantes*, et l'étude des *espèces chimiques*, prétendant explicitement à connaître de la manière la plus approfondie *tous leurs attributs*, indépendamment de toute considération dont le but serait l'appréciation d'une prééminence respective des attributs en fait de classification.

Enfin, la manière de procéder de la chimie dans l'étude des espèces chimiques fait sentir clairement la différence qu'il y aurait entre un LIVRE *où les espèces vivantes seraient présentées au lecteur conformément à l'esprit de la méthode naturelle*, et un LIVRE *où l'histoire de ces mêmes espèces, classées d'après cette méthode, serait l'exposé de tous leurs attributs*, y compris ceux dont la connaissance intéresse l'agriculture, l'horticulture et toutes les applications aux arts dont ces espèces sont susceptibles.

130. Ce résumé montre que le but définitif de l'opuscule est d'appeler l'attention des lecteurs sur l'erreur la plus fréquente dans les sciences du concret, qui consiste à avancer des *propositions générales*, à donner des *explications*, des *théories*, de prétendues *lois de la nature*, avec l'assurance

que donnerait la connaissance du *tout*, tandis que réellement on ne connaît que des *parties de ce tout ;* le remède à l'erreur est le *contrôle* prescrit par la *méthode à* POSTERIORI *expérimentale.*

L'origine de cet opuscule est une critique de ma *classification zoologique par étages* (*) que M. Milne Edwards fit dans un rapport adressé à M. Duruy, ministre de l'instruction publique, sur les derniers progrès des sciences zoologiques en France depuis vingt-cinq ans. En répondant à ses observations, je sentis la nécessité, pour être bien compris, d'exposer les idées qui m'avaient conduit à proposer une classification dont l'avantage me paraît incontestable pour mettre un terme à des objections auxquelles prêtent les *classifications zoologiques* par *échelle*, par *série linéaire*, par *séries parallèles*, et je n'en excepte pas la *classification* dite *réticulée* telle qu'on l'a présentée.

L'échelle de Bonnet, la série de Blainville et même les séries dites *paralléliques* de Isidore-Geoffroy Saint-Hilaire reposent sur l'idée de la prééminence d'une espèce animale sur l'autre. Si des personnes éclairées par l'expérience restreignent le rôle de la méthode naturelle à disposer les espèces vivantes dans l'ordre de supériorité déduit de l'observation de l'ensemble des organes *visibles* d'une ou d'un certain nombre d'espèces constituant un *groupe naturel*, sans se préoccuper de l'étude des facultés intellectuelles et instinc-

---

(*) Compte rendu des séances de l'Académie des sciences, tome LVII, pages 409 et 457, séances des 24 et 31 août 1863.

tives, elles évitent certainement l'occasion de donner prise à plus d'une critique ; mais je dois à la vérité de dire que jamais je n'ai eu la pensée de séparer de l'histoire naturelle des animaux l'exposé de leurs mœurs, ni l'examen de leurs facultés intellectuelles et instinctives.

L'importance de ces études, si justement appréciée par Buffon, lui a dicté des critiques, trop passionnées sans doute, contre Linné ; mais le *Systema naturæ* de l'illustre Suédois, tout œuvre de génie qu'il est, ne lui présentait que des *groupes* de divers degrés, depuis le règne, la classe, l'*ordre*, le *genre*, jusqu'à l'*espèce*, groupes caractérisés chacun par le plus petit nombre possible d'attributs ; et, pour être juste, il ne faut pas oublier qu'à l'époque où parurent les premiers volumes de l'Histoire naturelle des animaux, peu de personnes s'occupaient des méthodes de classification au point de vue général. Quoi qu'il en soit, j'insiste, dans mon opuscule, sur la distinction réelle existant entre un Traité *des espèces vivantes végétales ou animales classées d'après une méthode qnelconque*, et un Livre *de l'histoire naturelle de ces mêmes espèces où chacune serait étudiée dans l'ensemble de ses attributs,* y compris, bien entendu, ses mœurs, ses facultés intellectuelles et instinctives, enfin l'utilité dont elle peut être à tous égards.

Des idées que je viens d'exposer est sortie la *classification zoologique par étages.* En répondant maintenant avec détail à la critique dont elle a été l'objet, j'ai trouvé l'avantage de conserver aux idées exposées dans l'opuscule le degré de généralité que je voulais qu'elles eussent lorsque je me suis décidé à les coordonner, sans me préoccuper de la critique à laquelle je vais répondre.

ÉCRITS DE M. CHEVREUL RELATIFS A LA MÉTHODE.

Trois articles de M. Chevreul sur le *Traité de minéralogie*, de Beudant, *Journal des Savants*, 1825.

Trois articles sur l'*Anatomie transcendante*, de Serres, *Journal des Savants*, 1840.

Cinq articles sur l'*Ampélographie*, du comte Odars, *Journal des Savants*, 1845 et 1846.

Lettre à M. Villemain sur la méthode et sur la définition du mot *fais*, 1856.

Considérations sur la philosophie et applications à la médecine d'une méthode employée à rechercher la cause des différences que présentent les eaux naturelles dont on fait usage en teinture, 1861. (Mémoires de l'Académie des sciences, tome XXXIV.)

Sur la méthode expérimentale en général, et en particulier sur un mode de distribution des espèces zoologiques, dite par étages, 1863. (Comptes rendus, tome LVII.)

Cinq articles sur l'*Histoire naturelle générale des règnes organiques*, par Isidore-Geoffroy Saint-Hilaire, *Journal des Savants*, 1863 et 1864.

Distribution des connaissances humaines du ressort de la philosophie naturelle. (Mémoires de l'Académie des sciences, tome XXXV, 1865.)

Histoire des connaissances chimiques, tome Ier, 1866.

1er *Rapport*, adressé à M. le Ministre de l'instruction publique, sur le cours de chimie appliquée aux corps organiques, fait au Muséum d'histoire naturelle de Paris, en 1866.

2e *Rapport,* adressé à M. le Ministre de l'instruction publique, sur le cours de 1867.

De la méthode à posteriori *expérimentale et de la généralité de ses applications,* 1870.

De la méthode à posteriori *expérimentale, appliquée aux sciences morales et politiques*, ouvrage composé et achevé avant 1871, inédit.

SIXIÈME SECTION.

Réponse de M. Chevreul à une critique de sa classification zoologique par étages, *faite par M. Milne Edwards dans un rapport adressé au ministre de l'instruction publique sur les progrès des sciences zoologiques faits en France depuis vingt-cinq ans* (1867).

131. M. Milne Edwards termine ainsi son rapport sur les progrès des sciences zoologiques en France : « Dans ces der-« niers temps, un savant a cherché à en donner une idée « plus nette en groupant la série d'une manière *radiaire* et « en superposant les *étoiles à branches multiples* ainsi for-« mées : mais cela ne suffit pas, ce me semble, pour satis-« faire à toutes les conditions du problème, et je reste per-« suadé que, pour découvrir les affinités naturelles des es-« pèces animales, ou pour traduire sous la forme d'une « image nos conceptions à ce sujet, c'est surtout à l'*em-« bryologie* qu'il faut avoir recours. »

132. J'avoue qu'il m'a fallu non-seulement lire, mais relire encore le passage précédent de M. le doyen de la Faculté des sciences de Paris, pour le bien comprendre, pénétré des idées sous l'influence desquelles j'écrivis ce que j'ai nommé la *classification par étages*.

En convenant le premier que cette expression n'a pas le *pittoresque* de classification *radiaire*, ni de superposition d'*étoiles à branches multiples*, la vanité m'aveugle-t-elle en la préférant pourtant aux deux dernières? Je ne le pense pas; car, si l'expression de classification par étages est simple, vulgaire peut-être, elle a le mérite de la clarté et de l'exactitude, qu'on ne trouve pas aux deux autres, en tenant compte des observations suivantes, lorsqu'on a sous les yeux les trois figures qui accompagnent le texte de la classification critiquée.

133. Le mot *radiaire* signifie quelque chose de *symétrique*, de rayons partant d'un centre et se prolongeant dans l'espace. De là les expressions de bouteille, de glace *étoilée*, de carreau de vitre *étoilé*, et de *radiées* appliquées aux plantes par Dodart (en 1676).

Il suffit de jeter les yeux sur les figures qui accompagnent la classification par étages (*) pour voir que la qualification de *radiaire* n'y est pas applicable.

Si la figure I présente des droites qui, prolongées, aboutissent au centre, sur chacune desquelles on lit des noms d'espèces qui sont douées d'analogies mutuelles, ces droites ne présentent rien de symétrique eu égard à la longueur, et à l'écart qui les sépare.

Quant à la figure II, elle présente deux lignes partant des points d'un cercle indiquant la place où se trouvent inscrits les noms du *phoque* et de l'*ours;* elles convergent en un même point où est inscrit le nom de la *marte*.

Sur la ligne partant de l'*ours* sont inscrits les noms de

(*) *Comptes rendus des séances de l'Académie des sciences*, tome LVII, 1863, séances des 26 et 31 août; *Histoire des connaissances chimiques*, t. Ier, page 145.

subursus et de *blaireau*, et sur la ligne partant du *phoque* sont inscrits ceux de l'*otaris*, de l'*enhydre* et de la *loutre*.

Enfin, une troisième figure intercalée dans le texte montre comment la *classification par étages* se prêterait à inscrire des espèces qui seraient en séries parallèles.

L'idée qui a présidé à la *classification par étages* a été de prendre autant de *plans circulaires* qu'il existe d'ordres dans une classe d'animaux, et d'inscrire les noms des espèces (ou des genres) d'autant plus près du centre qu'on les juge mieux organisées.

Si l'on juge que plusieurs espèces le soient également, on écrit leurs noms correspondant à des points pris sur la circonférence d'un petit cercle dont le centre se confond avec celui du plan, et du point correspondant à chaque nom on tire des lignes en dehors du petit cercle, si l'on admet des espèces d'une forme dérivée des espèces les mieux organisées. Ces lignes sont divergentes lorsque les formes dérivées d'une espèce centrale ne se rapprochent pas d'une autre espèce centrale; mais dans le cas contraire elles sont convergentes.

La classification par étages me paraît se prêter à exprimer tous les rapports principaux que l'on peut observer entre les espèces; et j'ajouterai que, si l'on conçoit très-bien par exemple les trois formes-types des quadrumanes de la première figure, où les lignes sont divergentes, *orang, chimpanzé*, *gorille*, supérieures à celles des quatre formes-types de carnassiers *chat, phoque*, *ours* et *chien*, compris dans la deuxième figure où il y a deux lignes convergentes, on concevra très-bien que les quatre formes-types seront supérieures à celles des quadrumanes qui sont très-éloignées du centre dans la première figure, et dès lors vous ne serez plus exposé à considérer un quadrumane quelconque comme devant être nécessairement supérieur au *phoque* ou au *chien* parce qu'ils sont compris dans un plan inférieur à celui des quadrumanes.

Il est évident, d'après cela, que la *classification par étages* est incompatible 1° avec une *classification radiaire;* 2° avec l'idée de plans superposés représentant des *étoiles à branches multiples,* en admettant que le mot *étoile* soit compatible avec des rayons garnis de branches disposées comme le sont les barbes d'une plume ou les branches d'un arbre.

134. Enfin dans le texte de la *classification par étages* il n'y a pas un mot qui ait trait à l'embryologie.

Les critiques du doyen de la Faculté des sciences n'ont donc rien de fondé puisque la *classification par étages* n'est pas radiaire comme il le prétend et que je n'ai pas parlé de l'embryologie, ni dans un sens, ni dans un autre.

Je vais exposer dans un premier paragraphe l'*objet principal de la classification par étages* et dans un deuxième paragraphe la manière dont j'envisage l'*embryologie pour la classification proprement dite des espèces animales.*

§ I.

OBJET PRINCIPAL DE LA CLASSIFICATION PAR ÉTAGES.

135. Que me suis-je proposé en imaginant la *classification par étages?*

C'est de montrer une classification dont l'accord avec la science est assurément plus grand que ne le sont l'*échelle des êtres de Bonnet,* la *série des espèces de Blainville,* les *séries parallelliques* (sic) *de Isidore-Geoffroy Saint-Hilaire*, enfin la *classification réticulée.*

C'est de faire sentir en outre combien la *méthode* dite *naturelle,* appliquée aux animaux, laisse à désirer en négligeant de prendre en considération ce qui ressortit de l'entendement, les *facultés instinctives*, *intellectuelles et morales*. En signalant cette lacune de la *méthode vraiment naturelle*, considérée au point de vue le plus absolu quant à l'exactitude, je ne prétends pas la combler, mais montrer l'impuissance où elle a été jusqu'ici de parvenir à le faire, afin de donner une idée plus juste de ce dont elle serait capable, si nos connaissances, moins imparfaites et moins incomplètes, eussent permis de l'élever à un degré qu'elle n'a pas encore atteint.

Je ne viens donc pas dire à un zoologiste : Je vous apporte des caractères nouveaux, pour rectifier vos classifications; ma prétention n'a jamais été d'en fonder une nouvelle; elle se borne à montrer l'impossibilité de réaliser la classification des espèces en une série unique, et l'insuffisance des séries parallèles, qui ne sont, en définitive, qu'une atténuation des inconvénients de la série unique. La classification réticulée n'a pas d'application possible, sans faire intervenir l'avantage de l'idée que met en évidence la *classification par étages*, en faisant saisir aux yeux comment des espèces d'un ordre supérieur à un autre peuvent être, par leurs facultés, inférieures aux espèces les mieux organisées d'un étage inférieur (138, 152).

136. Indubitablement, l'imperfection de toutes les classifications zoologiques devient frappante quand le savant fait de l'homme vertébré et mammifère un ordre de la classe des

mammifères, sous la dénomination de *bimanes*. Certes, quelle que soit l'influence qu'on ait attribuée à la structure de la main quant à l'opposition du pouce à l'égard des autres doigts, vous ne pouvez dire sérieusement que cette disposition anatomique explique le fait immense de la *perfectibilité de l'homme* relativement aux autres animaux, supériorité dont l'explication échappe évidemment à l'étude du *visible* de l'organisation.

137. Le naturaliste qui, après avoir été frappé des analogies que ses yeux remarquent entre les organes de l'homme et ceux des mammifères de l'ordre immédiatement inférieur à celui des *bimanes*, en conclurait que l'*homme n'est qu'un mammifère* UN PEU MIEUX *organisé que le quadrumane*, n'arriverait pas à cette conclusion par une logique sévère. En effet, si l'homme tirait sa supériorité du caractère anatomique de sa main, comment admettre que l'*animal qui en a quatre* lui serait inférieur? En ne tenant pas compte de l'intelligence de l'homme, pourquoi ne pas conclure que celle du quadrumane devrait être double de la sienne?

138. Le naturaliste, en raisonnant ainsi, serait-il plus près de la vérité que le philosophe qui, prenant en considération la *perfectibilité* comme le caractère essentiel de l'humanité, donnerait à l'homme une place à part du reste des animaux soumis à l'instinct? Je ne puis le penser : car, quel que soit le degré de perfectibilité que vous accordiez à quelques espèces de mammifères et d'oiseaux, ce degré est fort peu élevé, et la puissance de l'homme a une part incontestable dans le résultat. Ne croyez pas que le philosophe, frappé de cette considération, soit pour cela conduit à méconnaître la nécessité de l'étude de l'anatomie et de la physiologie; mais,

préoccupé de la facilité avec laquelle l'homme de science se laisse aller dans ses théories à prendre la partie pour le tout, voici la situation d'esprit dans laquelle il se trouve probablement.

139. Il contemple les animaux au point de vue où nous les envisageons en ce moment, sans se préoccuper d'aucune classification particulière, sans considérer une hypothèse, une théorie, plutôt qu'une autre, mais seulement avec l'intention formelle de se les représenter tels qu'ils sont, ou plutôt tels qu'ils nous apparaissent à l'époque actuelle de nos connaissances ; et j'ajouterai encore, pour dire toute ma pensée, qu'il n'a aucun égard aux classifications des connaissances humaines dites *rationnelles*, parce que, conséquences de la faiblesse de l'esprit humain, ces classifications, émanées d'une pensée *à priori*, assignent à chacune des sciences qu'elles prétendent définir un domaine dont les limites, échappant à toute détermination rigoureuse, ne peuvent être rien moins que *rationnelles* (122).

140. Dans la disposition d'esprit que je suppose au philosophe, l'homme et les animaux se présentent à lui au point de vue physique et au point de vue moral ; et ce qui le frappe avant tout, n'est-ce pas la différence par laquelle l'homme individu, être libre, moral, doué de la conscience du bien et du mal de ses actes, se distingue de l'animal ne relevant que de l'instinct de son espèce? L'homme a une famille, il compte des ancêtres, et comme ses semblables, individus de son espèce, formant un peuple civilisé qui a des annales : en un mot la société humaine, composée de familles, est *perfectible;* l'individu a sa biographie, et la société son histoire.

141. Rien de semblable chez l'animal; l'état de société n'est point inhérent à son essence; les individus de certaines espèces vivent solitairement, tandis que les individus d'autres espèces forment des associations qui ne présentent que de bien faibles analogies avec la société humaine. S'il n'est point déraisonnable de dire que ces associations ont offert à l'observation quelques traits de perfectibilité dans les moyens de se soustraire à l'influence de l'homme dont le voisinage leur avait appris le danger pour leur existence, incontestablement cette perfectibilité s'est montrée si faible qu'elle ne présente rien de comparable à la perfectibilité humaine.

142. Voilà donc une considération qui, pour être morale, qui pour être *abstraite* comme *fait général* afférant au *substantif appellatif* et non au *substantif propre*, n'en est pas moins réelle et considérable quand il s'agit de distinguer l'*homme libre* d'avec l'*animal soumis à l'instinct*.

143. Pouvons-nous rapporter la cause de ce *fait*, vraiment *immense*, comme je l'ai déjà qualifié, à quelque chose de palpable, de visible à nos yeux, qui nous permette de distinguer l'*homme perfectible* d'avec l'*animal qui ne l'est pas?*

Nous répondons négativement, après avoir consulté les annales de la science; et cependant, lorsqu'on a tenté de distinguer l'homme des animaux au point de vue physique, on ne s'est pas borné à faire valoir les conséquences qui se déduisent de la structure anatomique de sa main; on a recouru encore à la saillie de son front, à l'angle facial, au volume et aux circonvolutions de son cerveau, pour expliquer sa supériorité, et même à la diversité des traits de sa physionomie, lorsqu'on a voulu rendre raison de la diversité des penchants et même des habitudes et des facultés morales des hommes considérés comme individus.

144. Voilà précisément où je voulais arriver avant de parler de la classification des animaux.

Ainsi, en définitive, l'homme soumis à l'examen de la structure anatomique de ses organes et des fonctions de ceux-ci, lors même qu'on s'aide des moyens les plus précis de l'observation et de l'expérience, ne présente aucun attribut caractéristique de nature à nous rendre compte avec quelque certitude de sa supériorité sur les animaux.

145. Que dit la *méthode* A POSTERIORI *expérimentale?* Après l'impuissance reconnue d'expliquer la supériorité de l'homme sur les animaux, *fait réel* et incontestable, c'est qu'il faut étudier comparativement l'homme et les animaux au point de vue physique relativement à leurs analogies et à leurs différences, et se garder bien d'omettre la conclusion à laquelle conduit l'étude du parallèle faite au point de vue moral.

146. Les analogies de l'homme avec les mammifères sous le rapport physique sont incontestables ; comme eux, il est vertébré, mammifère; son sang chaud circule dans un appareil formé par des artères et des veines en communication avec un cœur à deux oreillettes communiquant eux-mêmes à deux poumons; l'homme a trois sortes de dents comme beaucoup de mammifères; enfin l'analogie de cet organisme entraîne de nombreuses conséquences de similitudes dans les fonctions des organes de même nom.

Mais l'homme seul est organisé pour marcher debout, et, si nous avons admis sans réticence l'impossibilité d'expliquer sa *perfectibilité* par ses organes, nous ne pouvons ne pas insister sur la structure de sa main si admirable pour qu'elle se prête à tous les commandements de l'esprit, et à cette circonstance, qu'elle conserve une délicatesse exquise, comme toucher, exempte qu'elle est de prendre part à la marche; enfin le volume et les circonvolutions du cerveau dans un crâne placé verticalement sur la colonne vertébrale donne à l'homme, pour observer le monde extérieur, une position favorable dont n'est doué aucun autre mammifère : d'où nous tirons la conclusion que l'organisation physique de l'homme, *sans expliquer sa supériorité sur les animaux, est en parfait accord avec cette supériorité telle que nous l'avons envisagée.*

147. La conclusion à laquelle conduit la *méthode* A POSTERIORI *expérimentale* est donc que l'homme, examiné comparativement avec les animaux, ne présente pas un caractère visible propre à expliquer clairement la supériorité réelle qui l'en distingue comme *être perfectible*, mais cette comparaison met en évidence des attributs concourant à le faire considérer comme leur supérieur.

Au point de vue physique, en définitive, l'examen des organes visibles de l'homme le place donc au-dessus des animaux.

On n'est donc pas infidèle à la méthode en tenant compte du *fait* incontestable de la *supériorité de l'homme;* on y est au contraire conséquent en y ayant égard; et l'infidélité, l'inconséquence, le manque de logique, serait de négliger de la prendre en considération, comme si elle n'existait pas.

148. Si la conclusion à laquelle j'arrive paraissait étrange à quelques naturalistes, je leur demanderais si eux-mêmes ne prêtent point à la critique par la manière dont ils envi-

sagent la *méthode naturelle*. Effectivement, l'idée de l'échelle des êtres de Bonnet, la série de Blainville, l'hypothèse du progrès sur laquelle repose l'anatomie transcendante telle que Serres l'a définie, supposent toutes que la science permet de disposer les animaux dans un ordre de prééminences respectives, et la *méthode naturelle* tend bien à ce but. Dès lors on y est conséquent en tenant compte de la prééminence de l'homme sur les animaux par le *fait réel de sa perfectibilité;* mais où l'on manquerait à la méthode, ce serait de prétendre expliquer la cause immédiate de cette perfectibilité dans l'état actuel de la science, surtout en recourant à quelque chose de physique.

149. Le sujet que je traite m'entraîne à signaler une erreur assez fréquente commise dans les sciences réputées *positives* par des savants qui se disent *positifs*. Dieu me garde de les traiter de *positivistes!* Cette erreur résulte des conclusions tirées d'une manière absolue d'observations soi-disant parfaites et qui, en réalité, ne le sont pas, et c'est encore ici que la *méthode* A POSTERIORI *expérimentale*, en intervenant, la ferait disparaître.

Voici des faits qui justifient l'intervention de l'expérience dans la question que je traite :

Une matière solide a été mise dans l'eau ; on a fait bouillir; le liquide transparent semble ne pas tenir de matière solide en suspension, et l'on conclut qu'il y a eu solution; à ce sujet j'ai signalé le fait remarquable : du cartilage du *squalus peregrinus*, qui, bouilli dans l'eau (1 partie de cartilage contre 1000 d'eau), donne un liquide transparent dans lequel le cartilage est à l'état de gelée; et la preuve, c'est que la partie solide reste sur un filtre, et que le sublimé corrosif ajouté à l'eau dénote immédiatement le corps en suspension, en formant avec lui un corps solide et opaque.

De l'eau peut être parfaitement limpide au microscope même, et tenir en suspension des corps solides, microzoaires, microphytes, granules et débris de corps vivants; l'eau même peut être filtrée sans que les corps suspendus restent sur le filtre.

J'ai eu l'occasion de reconnaître souvent la présence des corps suspendus, en ajoutant les réactifs suivants :

La solution de bichlorure de mercure forme des composés opaques, non-seulement comme je viens de le dire, avec le cartilage, mais avec beaucoup de corps d'origine organique;

L'infusion de noix de galle, de bois de Campèche, l'eau d'acide sulfoindigotique et d'autres solutions colorées, font apparaître souvent ces corps divisés, suspendus dans un liquide limpide, et servent encore à distinguer des parties différentes dans un corps organisé, où les réactifs pénètrent par imbibition.

En définitive, avant de conclure l'absence de corps solides, divisés dans des liquides limpides, il faut les mêler à des réactifs, et choisir ceux-ci d'après la nature présumée des corps qu'on veut faire apparaître. C'est ainsi que je procède depuis plus d'un demi-siècle, pour reconnaître la diversité des parties de beaucoup de corps organiques, tels que la laine, le crin, etc.

150. En raisonnant comme je viens de le faire, je crois être, autant que possible, fidèle à la *méthode* A POSTERIORI *expérimentale*, tandis que le zoologiste s'en éloigne, si, fermant les yeux sur l'importance extrême de la *perfectibilité*, comme

caractère de l'humanité, et se bornant à prendre en considération les seules analogies physiques de l'homme avec les animaux, il juge qu'il n'en diffère que par une organisation un peu supérieure à celle des quadrumanes; et alors, sans hésitation, je déclare qu'il n'*arrive à cette conclusion qu'en prenant la partie pour le tout.*

La *perfectibilité* de l'homme est un fait si grand, à mon sens, que je n'hésiterais pas à faire un *règne* de son histoire naturelle, si je ne le considérais qu'au point de vue moral; mais, ne pouvant négliger de prendre en considération sa nature matérielle, y compris la structure, les fonctions et la nature chimique de ses organes, je pense être plus près de la méthode *à posteriori* expérimentale en n'en faisant qu'une classe sous le titre de *mammifère doué de la perfectibilité.*

La considération tirée de l'examen de l'homme envisagé au physique, qui me guide pour faire de son histoire une simple *classe* et non un *règne*, n'est pas seulement l'analogie de structure et de fonctions de ses organes avec ceux des mammifères, mais encore l'analogie de nature chimique des principes immédiats constituant ses organes, d'une part, avec ceux des animaux en général, et d'une autre part, avec beaucoup de principes immédiats d'origine végétale.

En insistant, depuis 1837, sur la nécessité que l'aliment de l'homme soit complexe, et que les principes immédiats de cet aliment correspondent à la nature chimique de son corps qu'il faut nourrir, c'est avoir montré la condition indispensable à son existence, tel que le monde terrestre est actuellement constitué.

Là se trouve à mon sens une des plus belles harmonies du

monde actuel. L'étude de l'homme envisagé au point de vue physique explique comment le lait de l'ânesse, de la chèvre, de la vache, peut remplacer, pour l'enfant, le lait de la mère, et pourquoi la viande des mammifères est si bien appropriée à la nourriture de l'homme.

En définitive, pesez la conséquence de l'observation que je fais : *C'est que, si la ressemblance matérielle de l'homme avec les animaux n'existait pas, constitué tel que nous le voyons, il lui serait impossible de vivre.* Cette considération a bien son prix dans quelque système de philosophie que ce soit.

C'est donc en tenant compte du moral et du physique, que j'ai proposé de faire de l'homme *une classe* qui serait *la première du règne animal,* et que cette classe, en tenant compte de la *perfectibilité* ATTRIBUT MORAL, tient compte encore de sa PARTIE MATÉRIELLE, non plus au point de vue d'un matérialisme abject, mais à celui d'un point de vue élevé rentrant dans le domaine des harmonies providentielles.

151. D'après la considération, énoncée plus haut (148), que les zoologistes n'ont jamais fermé les yeux, dans leurs classifications, sur la supériorité des animaux, et d'après la considération que je viens de développer (150), la *méthode naturelle* me semble inconséquente à son esprit, lorsqu'elle se contente de ne distinguer l'homme des autres animaux qu'en en faisant le premier *ordre des mammifères* sous la dénomination de *bimanes*, et cela par la raison que, si on ne peut rattacher le *caractère de la perfectibilité* à quelque organe visible, cette perfectibilité n'en existe pas moins, et que dès lors il faut en tenir compte.

152. Si, faute de moyen d'apprécier avec précision les facultés relatives à la pensée, à l'intelligence et aux instincts, la classification de l'homme dans le système des espèces zoologiques présente autant de difficultés, la classification des animaux proprement dits, et toujours par la même cause, en présente de nombreuses, quoiqu'elles ne soient point aussi frappantes; il suffit, pour le comprendre, de se rappeler que l'idée de l'échelle de la série a été de descendre des animaux les mieux organisés aux animaux qui le sont moins. La première conséquence de cette difficulté a été l'idée des séries multiples, et c'est parce que celles-ci, comme nous l'avons vu, n'ont été évidemment qu'un palliatif, que j'ai imaginé la *classification par étages* dont je viens de parler. En l'imaginant, loin d'avoir voulu l'imposer aux zoologistes, j'ai admis avec eux que *leurs ordres de mammifères* sont réellement disposés d'après la perfectibilité respective des espèces rapportées à une ou plusieurs espèces choisies comme types de chaque ordre.

Cela entendu, j'admets en principe les deux propositions suivantes :

« 1° Toutes les espèces d'un même ordre ne sont pas éga-
« lement élevées en perfection. »

« 2° Toutes les espèces de l'ordre immédiatement infé-
« rieur à un autre, peuvent ne pas être inférieures en perfec-
« tion aux espèces les moins parfaites de l'ordre supérieur. »

Par exemple :

« Les espèces de quadrumanes les moins parfaites sont
« inférieures, à mon sens, au chien, de l'ordre des carnassiers,
« placé au-dessous de l'ordre des quadrumanes.

« Conséquemment, l'organisation qui constitue une espèce

« de quadrumane peut être inférieure à celle qui constitue « un carnassier, sans que l'état de la science nous permette « de démontrer à quoi tient le fait de la supériorité du « carnassier sur le quadrumane. »

Telle est la raison d'être de la *classification par étages,* comparée aux classifications en *série unique* et même en *séries parallèles.*

§ II.

MANIÈRE D'ENVISAGER L'EMBRYOLOGIE POUR LA CLASSIFICATION PROPREMENT DITE DES ESPÈCES ANIMALES.

153. Qu'y a-t-il dans la *classification par étages* de contraire aux lumières que les considérations tirées de l'*embryologie* peuvent répandre sur la classification des espèces? D'après quels motifs la *classification par étages* exclurait-elle les considérations *embryologiques* propres à éclairer la connaissance des espèces en ce qui leur est essentiel? En vérité, je n'en vois aucun, et plus je réfléchis aux lignes de M. le doyen de la Faculté des sciences de Paris que j'ai citées, et moins je comprends une critique de la *classification par étages,* alléguant en fait le rejet par cette *classification* des lumières que l'*embryologie* peut répandre sur la connaissance des espèces.

154. Il me reste à remercier M. Milne Edwards d'une manière toute particulière de l'occasion qu'il me donne de m'expliquer sur la valeur des caractères tirés de l'*embryo-*

logie; car, limitant mes considérations aux généralités exposées dans cet opuscule, je me suis abstenu d'entrer dans les détails, et, grâce à cette occasion, je puis donner, sans sortir de mon sujet, quelques réflexions que m'a suggérées, il y a longtemps, l'*embryologie* elle-même, envisagée au point de vue des *attributs que les embryons peuvent fournir, comme caractères, à la classification des espèces.*

155. On peut dire avec raison qu'à une époque de la culture d'une science, où beaucoup de découvertes ont été faites dans une certaine direction d'idées, il se trouve un ensemble d'esprits qui ont contracté une habitude de travail tout à fait analogue à celle que donne l'exercice physique d'un organe ou la pratique d'un métier.

156. Les botanistes et les zoologistes n'ont pu porter, au moyen de la méthode naturelle, la classification des espèces vivantes au degré élevé où nous la voyons, qu'en se livrant à des travaux qui consistent à rechercher des attributs susceptibles de servir de caractères propres à classer les espèces entre elles. Si ce genre de recherches a eu et a encore une utilité incontestable, il ne faut pas perdre de vue que, le but qu'il se propose étant la comparaison d'organes analogues dans des espèces diverses, l'attention ne se porte principalement que sur des attributs susceptibles de servir de caractères, et non indistinctement sur tous ceux qu'il faut connaître pour l'harmonie du tout ensemble de chaque espèce. A cet égard, la méthode naturelle ne conduit point à la *connaissance complète des espèces qu'elle étudie,* et c'est, comme je l'ai dit (130), parce que cette connaissance complète des espèces était pour Buffon le but de l'histoire naturelle, que, ne voyant dans les écrits de Linné que le

moyen d'arriver à trouver le nom des espèces en ne recourant qu'à un petit nombre d'attributs, il les critiqua sans se préoccuper des avantages d'une *méthode* qui n'était point alors développée et qui plus tard fut qualifiée de *naturelle*.

157. L'étude de l'embryon, dont le but est de connaître les formes qu'il affecte successivement pour arriver à une forme définitive, celle de l'*espèce* qu'il doit propager, diffère beaucoup de l'étude de l'espèce faite par le naturaliste, puisque la première s'occupe des transformations incessantes de l'embryon, et la seconde a trait à une forme permanente que l'on peut observer et décrire avec des plantes desséchées et avec des animaux morts : en un mot, celle-là est *dynamique,* et la seconde *statique.*

L'étude de l'embryon, à ce point de vue, diffère donc extrêmement de celle du naturaliste, aussi appartient-elle principalement à l'anatomie et à la physiologie; et j'ajoute qu'en plus d'un cas la chimie peut intervenir heureusement au moyen de réactifs aptes à produire des phénomènes sur la matière de l'embryon qui rendent visibles des parties qui, sans eux, ne l'auraient pas été (149).

Est-il toujours facile de reconnaître d'une manière précise la variation incessante qu'éprouve un embryon dans sa forme? Est-il toujours possible d'en fixer une que l'on croit importante de manière à la faire reconnaître ultérieurement avec certitude?

N'y a-t-il pas dans la transparence de beaucoup de parties un obstacle à apercevoir des tissus qui ont une influence toujours considérable sur ce développement, et dont l'effet ne sera sensible qu'après un certain laps de temps, de sorte que l'organe visuel de l'observateur conclut *néant* où une cause agissante existe, mais l'effet ne s'en manifestera que plus tard? Je reviendrai bientôt sur ce cas en parlant des *principes de l'état antérieur* et *de l'état ultérieur* (159).

L'usage du microscope, appliqué à l'observation des formes qui n'ont pas la fixité d'une matière inorganique ou d'un organe mort, ne présente-t-il pas à l'observation des difficultés dont l'étude d'une forme fixe est exempte? Cela est incontestable d'après ma propre expérience.

Que l'on veuille bien lire dans les *Recherches d'*ANATOMIE TRANSCENDANTE ET PATHOLOGIQUE, de Serres, la *Théorie des formations et des déformations organiques appliquées à l'anatomie de* RITTA-CHRISTINA *et de la duplicité monstrueuse*, et l'on trouvera des exemples à l'appui de ma manière de voir. Si l'ouvrage remonte au-delà de trente ans, la pièce n'en sera que plus probante, parce que le temps a fait justice de plus d'une conjecture donnée alors avec assurance et conviction par un grand anatomiste qui appartint à l'Académie des sciences et au Muséum d'histoire naturelle. On verra dans la note (*) ci-jointe comment Serres a interprété les phénomènes que présente le fœtus humain lors de la formation

(*) Je crois utile de reproduire un passage des trois articles que je fis dans le *Journal des Savants*, sur les recherches de Serres. Il est extrait du troisième article, décembre 1840, page 708.

C'est dans l'étude des transformations des organes génito-urinaires, envisagés conformément à la loi de la *formation centripète*, que M. Serres pense avoir découvert que, primitivement, il n'y a *ni mâle ni femelle dans l'espèce humaine*, et qu'il est aisé d'expliquer l'hypospadias, c'est-à-dire la cause de la gouttière des sexes, et combien l'observation des *formes* est difficile pour en tirer des inductions justes quand il s'agit d'études embryologiques précises. Dans les recherches postérieures à celles de Serres, qu'on veuille bien citer des propositions auxquelles on doit d'avoir apporté d'utiles modifications à la classification zoologique, après avoir, par une critique judicieuse, dissipé les incertitudes, mis un terme aux difficultés naissant d'une nomenclature arbitraire, où le même objet est désigné par des noms très-différents, et où des objets différents le sont par une même dénomination.

158. La distinction faite entre les manières de procéder, d'une part de la méthode naturelle, choisissant des attributs

---

que présente quelquefois la face inférieure de la verge, et enfin de se rendre compte de l'hermaphrodisme.

Disons comment M. Serres est conduit à admettre que, primitivement, il n'y a pas de sexe dans les embryons; lorsque leur bassin est ouvert, le canal de l'urètre est fendu dans sa longueur, le pénis, le clitoris, le périnée présentent deux parties séparées dans le plan médian, et c'est alors que la symphyse du pubis n'est pas opérée qu'il n'y a *véritablement ni mâle ni femelle*, dit M. Serres.

Il ajoute que du quarantième au cinquantième jour, lorsque les moitiés des organes sont réunies dans la face supérieure, les deux branches du clitoris et de la verge présentent, au haut du bassin, une saillie si prononcée que *tous les embryons paraissent mâles*. Puis, lorsqu'à la fin du deuxième mois et au commencement du troisième, l'ouverture du périnée se ferme, que la moitié du scrotum et la moitié du canal de l'urètre vont se réunir, *tous les embryons paraissent alors femelles :* d'où M. Serres conclut en propres termes qu'à une *certaine époque les embryons femelles paraissent hermaphrodites*, et que plus tard les embryons mâles ont l'apparence d'embryons femelles; dès lors, s'il y a arrêt de développement, on concevra très-bien non-seulement l'hermaphrodisme, mais encore l'hypospadias;

propres à la classification des espèces, et d'une autre part de l'embryologie étudiant la succession des formes que présente un embryon depuis qu'il est visible jusqu'à ce qu'il ait acquis sa forme définitive, est assez clairement définie lorsqu'on dit que la première donne un résultat *statique*, et la seconde un résultat *dynamique*.

Cette différence a, selon moi, pour conséquence de coordonner les matériaux d'un traité d'embryologie d'une manière qui n'est pas nécessairement applicable aux traités de l'histoire naturelle des espèces vivantes végétales ou animales.

L'exposé des matériaux d'un traité d'embryologie, pour être clair, précis et profitable à ses lecteurs, doit présenter l'histoire de la succession des formes dans l'embryon d'une même espèce, puis dans l'embryon d'une seconde espèce, d'une troisième....

Qu'il s'agisse de l'histoire d'une classe, celle des mammifères, des oiseaux, des reptiles... il commencera par l'histoire de l'embryon d'une espèce appartenant au premier ordre.

S'il connaît des faits concernant l'histoire d'embryons d'autres espèces du premier ordre, il rappellera brièvement les faits analogues déjà décrits dans l'embryologie de la première espèce, et donnera plus ou moins de détails relatifs aux faits différents.

Il décrira de la même manière les embryons des espèces appartenant au 2me, 3me,.... et n[ième] ordre.

Il se gardera donc bien de procéder de la manière suivante :

De distinguer la vie embryonnaire en 1re, 2me, 3me,.... et n[ième] période;

Puis de décrire les changements de forme de la première période, dans les espèces du premier ordre, et à plus forte raison dans les espèces de tous les ordres;

Et de passer ensuite successivement aux changements de forme de la 2me, 3me,.... et $n^{ième}$ période.

Si l'on peut présenter l'histoire naturelle des espèces vivantes de diverses manières sans grave inconvénient, il n'en est pas de même de l'histoire de l'embryologie, d'après les raisons que j'ai exposées. Je ne sache pas qu'il y ait une disposition des faits embryologiques actuellement connus, différente de celle que je viens d'indiquer, qui présente un égal avantage au point de vue de la clarté.

159. Il manquerait une considération fort importante à cet opuscule, si je ne m'expliquais pas sur ce que j'ai appelé il y a longtemps l'*état antérieur* et l'*état ultérieur* en parlant de l'embryogénésie de Serres dans les trois articles du *Journal des Savants* dont j'ai fait mention plus haut (157). Voici l'occasion qui m'a suggéré la nécessité de cette distinction.

Serres a distingué dans le développement des organes deux périodes depuis le moment où ils apparaissent à l'état de *rudiments* jusqu'à ce qu'ils soient parvenus à leur *forme définitive* (*).

Je n'admets pas cette distinction, parce que je ne reconnais qu'une seule période, son *commencement* et sa *fin* dans la distinction de Serres; peu m'importe qu'on lui donne la dénomination de *formation* ou de *développement*.

Cette *période qui est visible* provient d'une cause que je ne

(*) *Journal des Savants*, année 1840, p. 718.

vois pas, et que je rapporte au principe de *l'état antérieur*, tandis que les deux périodes de Serres, concernant le phénomène, se rapportent au principe de *l'état ultérieur*.

Il n'y a donc en réalité dans ma distinction que CAUSE, l'*état antérieur*, et EFFET, l'*état ultérieur*.

Si maintenant j'ai donné à ces deux états la dénomination de *principe de l'état antérieur* et de *principe de l'état ultérieur*, c'est d'après l'usage que j'en ai fait dans le langage des recherches scientifiques et conformément à l'idée que j'ai énoncée sur la *corrélativité* (8).

Et voici mes motifs :

Il n'y a pas d'*effet* sans *cause*.

Lorsque, dans un travail scientifique, un phénomène fixe mon attention, j'en recherche la cause immédiate au moyen de l'observation et de l'expérience, et, bien entendu, je ne crois le problème résolu qu'après la confirmation du raisonnement par l'expérience, ou si elle n'est pas possible par un contrôle parfaitement logique.

C'est à l'aide du simple raisonnement que j'ai pu rejeter la distinction des deux périodes de Serres dans la production d'un organe; car évidemment l'époque de l'apparition des rudiments ne peut être CAUSE, c'est le *commencement de l'*EFFET dont la fin est celle de la période même.

Je cite un exemple :

Il existe deux espèces de ténia absolument semblables quant à l'apparence et à celle de leurs œufs.

Le *ténia* du *cœnure* produisant le *tournis* du mouton,

Et le *ténia serrata* provenant des cysticerques du lapin et du lièvre.

L'expérience seule apprend à les distinguer.

Les *œufs du premier* introduits dans un mouton lui donnent le tournis,

Et les *œufs du ténia serrata* ne le donnent pas à un second mouton (*) aussi semblable au premier que possible.

Comment appliquai-je les principes de l'*état ultérieur* et de l'*état antérieur* à cet exemple? d'une manière fort simple en disant :

Tant que vous étudiez en *naturaliste* ne décrivant que ce que vous voyez, vous confondez deux espèces.

Vous recourez à l'expérience et vous acquérez la preuve que deux objets, deux termes qui vous avaient paru *identiques sont différents*, grâce à l'usage du *principe de l'état ultérieur*, puisque l'un des objets, l'un des termes comparés dans les mêmes circonstances, produit un effet différent de l'autre objet, de l'autre terme.

A ce point de vue l'*état ultérieur* est bien un principe et un principe important pour l'embryogénésie, puisqu'il nous

(*) Grâce à la complaisance de l'illustre van Beneden, je suis heureux de reproduire une lettre qu'il m'adressa le 8 de mai 1867 sur un sujet auquel j'attache une si grande importance.

5 de mai 1867.

Monsieur et cher confrère,

On peut avoir une forme semblable, ai-je dit, et appartenir à une espèce distincte. Le ténia du cœnure (qui produit le tournis du mouton) est tout à fait semblable au *ténia serrata* provenant des cysticerques du lapin et du lièvre. Leurs œufs sont également semblables; mais les œufs du premier *seuls* donnent le tournis au mouton. Pouchet avait pris les œufs du second et n'avait pas réussi à donner le tournis au mouton. C'était tout naturel. Pour avoir des carottes, il ne faut pas semer de la semence de navet....

montre la cause des erreurs que l'on peut commettre en concluant de l'*apparence* simple de deux embryons leur identité, et c'est pour l'avoir méconnu que Serres a commis plus d'une erreur dans la manière dont il a envisagé l'organogénésie.

Si je m'explique la préférence accordée par le zoologiste classificateur aux caractères tirés des attributs de l'espèce parvenue à son complet développement, sur ceux qui peuvent l'être des attributs de l'embryon, parce que les premiers, d'une observation plus facile, sont aussi de tous les temps, tandis que les autres n'apparaissent qu'à une certaine époque de la vie embryonnaire présentant une série non interrompue de transformations, ce n'est point, à mon sens, une raison de négliger l'*embryogénésie,* surtout si l'on veut bien se rappeler la vive lumière qu'elle a répandue sur la science zoologique en démontrant que longtemps les zoologistes étrangers à l'étude des embryons avaient distingué comme espèces différentes des embryons de ces mêmes espèces : mais ce *fait*, preuve éclatante de la nécessité de l'étude de l'*embryologie* pour la confection d'un livre de l'histoire naturelle des animaux, où chaque espèce est étudiée dans l'ensemble de ses attributs, n'a plus la même importance lorsqu'on cherche dans l'embryologie des caractères propres à distinguer les espèces entre elles au point de vue de la méthode naturelle.

160. J'ai trop insisté, en parlant de l'embryologie, sur les lumières que la chimie est apte à répandre sur la transformation continue de l'embryon depuis sa formation jusqu'à ce qu'il ait acquis sa forme définitive, soit dans la matrice, soit dans l'œuf, pour ne pas appeler ici l'attention relativement

à l'importance de la prise en considération de la nature chimique de la matière qui subit ces transformations.

Nous avons vu plus haut (150) la nécessité de la nature chimique complexe des aliments de l'homme et des animaux supérieurs, par la raison que, formés de principes immédiats de propriétés diverses, ils sont incapables de s'assimiler la matière brute pour produire eux-mêmes ces principes; il doit en être de même, à plus forte raison, de la matière destinée à l'embryon soit dans l'utérus, soit dans l'œuf pour s'y assimiler, l'accroître et le nourrir. Aussi les transformations, à cause de l'analogie de nature de l'aliment avec les principes immédiats constituant l'embryon, s'opèrent-elles tranquillement à une douce température, au sein d'un liquide aqueux, sans effervescence, et c'est ainsi que de l'œuf de la poule sort le petit poulet dont la forme stable est bien différente de la matière de l'œuf avant l'incubation.

Telle est la considération finale que j'ai crue indispensable, comme complément de celles que j'ai émises dans le cours de cet opuscule, pour montrer comment les faits *d'isomérisme* que j'ai signalés dès 1821 pour les principes immédiats des êtres vivants jettent du jour sur l'alimentation et sur la transformation des matières qui concourent à l'accroissement de l'embryon.

161. Je résume ma réponse à la critique de M. Milne Edwards en ces termes :

1° Les expressions de *classification radiaire* et d'*étoiles à branches multiples superposées*, dont il se sert pour désigner ce que j'appelle la *classification par étages*, sont des modes de classification incompatibles avec celle que j'ai proposée.

2° Donner à penser que je considère la *classification par étages* comme incompatible avec les lumières que la zoologie peut puiser dans l'*embryologie* serait m'attribuer une opinion que je n'ai jamais eue et contre laquelle je protesterais avec force puisqu'on ne pourrait citer de mes écrits une seule phrase à l'appui de cette allégation.

L'assertion de M. Milne Edwards ne pourrait être fondée que sur le cas où les espèces citées dans les deux figures de mon mémoire seraient disposées autrement que ne l'admettrait le doyen de la Faculté des sciences de Paris, d'après des raisons qu'il aurait tirées de l'*embryologie :* alors la critique, en le disant, eût été précise ; et j'aurais répondu qu'elle était étrangère à la *conception de la classification par étages*, puisqu'elle tombait sur une distribution d'animaux qui n'est pas mienne. Je l'ai trouvée dans des traités de zoologie, et un savant anatomiste zoologiste a bien voulu la revoir. On peut donc disposer ces espèces tout autrement qu'elles ne le sont sans contrarier en rien la *classification par étages* telle qu'elle a été formulée.

3° Admettant en principe que le savant ne doit négliger aucun point qui, dans les recherches auxquelles il se livre, peut lui donner quelque lumière, je n'ai jamais considéré l'*embryogénésie* comme inutile au zoologiste classificateur ; mais j'ai cru devoir insister sur le genre d'étude inhérent à ses progrès, plus analogue à celui de l'anatomiste et du physiologiste qu'au travail dont le but est la classification.

L'embryogénésie, connaissance des transformations d'un même être, en étudie la *continuité* dans la durée de la vie d'un même embryon ; tandis que le zoologiste n'étudie que *quelques attributs* dans un certain nombre d'espèces, pour établir des caractères d'analogie ou de différence entre elles.

4° La *classification par étages* permet à tout esprit qui l'aura étudiée sérieusement d'exprimer les *rapports* qu'il croira *naturels* entre tous les groupes d'animaux, et je ne parle pas seulement de ceux qui sont compris dans un même plan représentant un *ordre*, mais de ceux qui le sont encore dans des plans inférieurs, puisqu'on peut tirer des lignes allant d'un plan à l'autre.

162. J'ai dû répondre avec détail aux critiques du doyen de la Faculté des sciences de Paris ; car, admises comme fondées, la *classification par étages* serait passible du reproche de restreindre l'esprit animé de l'amour de connaître ; or, émanée de la *méthode à* POSTERIORI *expérimentale*, elle ne peut être restrictive : mais la méthode, *après avoir reconnu la légitimité de toute* LIBERTÉ *à l'esprit d'investigation, impose à la science, dans l'intérêt même des progrès, de n'inscrire dans ses archives comme propositions nouvelles, que celles qui ont reçu le cachet de la vérité de l'application critique du contrôle qu'elle prescrit impérieusement.*

FIN.

Paris. — Imprimerie Adolphe Lainé, rue des Saints-Pères, 19.

A la bibliothèque de la Rue de Richelieu
hommage de l'auteur

 E Chevreul

238. **TABLEAU**

DE L'INTELLIGENCE HUMAINE CONSIDÉRÉE SELON
M. E. CHEVREUL
D'APRÈS
L'ESPRIT PROGRESSIF, L'ESPRIT CONSERVATEUR, L'ESPRIT DE ROUTINE
ET L'ESPRIT DE RECUL.

DE L'INTELLIGENCE au point de vue DE L'ACTIVITÉ.	QUATRE SORTES D'ESPRIT.	LEURS ATTRIBUTS ou CARACTÈRES.		
Activité de l'esprit d'innovation en bien.	Esprit progressif.	De découverte. D'invention.	Maximum. GÉNIE	SCIENTIFIQUE. LITTÉRAIRE. ARTISTIQUE. ETC., ETC.
	Esprit conservateur (éclectique).	Réduit les faits complexes du *connu* par l'*analyse mentale.*	(*a*) En faits moins complexes qu'il faut *conserver.* (*b*) En faits moins complexes qu'il faut *modifier.* (*c*) En faits moins complexes qu'il faut *rejeter.*	
Inactivité de l'esprit.	Esprit de routine.	Conserve indistinctement ce qui est	BIEN et MAL.	
Activité de l'esprit d'innovation en mal.	Esprit de recul.	(*a*) Rejette ce qui est bien dans le connu. (*b*) Produit ce qui est mal ou *faux.*		

A
B

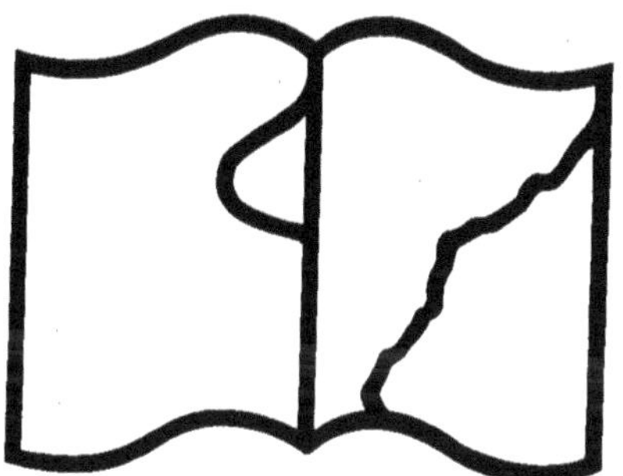

Texte détérioré — reliure défectueuse

NF Z 43-120-11

www.ingramcontent.com/pod-product-compliance
Ingram Content Group UK Ltd.
Pitfield, Milton Keynes, MK11 3LW, UK
UKHW021055230726
13926UKWH00004B/1854

9 782016 178096